恋上慢生活
家的日常

[日] 山田奈美 著
陈建 谢燕 译

江苏凤凰文艺出版社
JIANGSU PHOENIX LITERATURE AND ART PUBLISHING, LTD

卷首语

我在叶山的一幢建于 90 年前的古老屋内，经营着一家以培训烹饪日式药膳以及应季发酵食品为主的烹饪教室。来过我家的访客均表示“这里的环境令人怀念”“我外婆就是这样生活的”。那么，传统生活到底是什么样的？在我看来它绝非单纯地回归原始生活状态，而是依自然而居，尽享自然惠泽。

诚然，我家并没有现代化的电器，房间微暗，冬日四处透风，屋内阴冷。但是，通过巧用传统工具，我们可以化阴暗为高雅，尽情享受独特的昏黄的朦胧美，并且利用严寒天气制作干货，每天都过得有声有色。

饮食方面亦是如此。暖春，我使用山间的野生草药，排出冬日体内堆积的毒素；盛夏，则使用当季鲜蔬，为身体补充矿物质；深秋，通过食用成熟的果实防止干燥；寒冬，则通过食用干货温暖身体……就这样使用身边的当季鲜蔬，按照自然韵律，汲取自然精华。

很多人问我不论工作、育儿还是做家务，一整年不眠不休地忙于制作备菜，想必每天都很疲惫吧，实际上这种传统生活非常闲适。清扫房间时，使用笤帚轻松一挥即可；清洗碗碟时，完全不用洗洁精，着实轻松不少。每天做完早饭后，顺便准备好便当。去掉现代社会的一些痕迹，生活反而更加轻松安逸。

如此，则不会流连于世俗的信息与各种流行事物，只有这样，才能逐渐悟出对自己来说真正重要的“生活方式”吧。

山田奈美

目录

7 1章 尽享四季生活

12 家事随四季变化而变化

14 夏冬两季的生活方法

16 春季菜单

18 夏季菜单

20 春季食材与食疗

21 夏季食材与食疗

22 秋季菜单

24 冬季菜单

26 秋季食材与食疗

27 冬季食材与食疗

28 土锅米饭吃到饱

30 路边野花装点家

32 用印花棉布增色添彩

34 下田劳作

36 专栏1 家中常备的自制调料

2章 每天快乐做家事 37

煮饭与吊汤 38
早上来一碗菜料十足的味噌汤 40
中午搭配一盒简单的蔬菜便当 42
每日时间表 44
我喜欢的烹饪厨具 48
工具还是老的辣 50
最低限度使用电器 52
生活常用漆器 54
中意的碗碟与金缮 56
享受光影之美 58
专栏2 家中常备的自制调料 60

3章 山田女士的收纳整理术 61

打扫房间 62
不使用任何清洗剂 64
物尽其用，少扔东西 66
厨房收纳 68
我的工服是围裙 70
专栏3 选择纯天然的木质和纸质玩具 74

4章 调节体质 75

食用发酵食品 76
纯植物沐浴液 78
常备草药 80
我的美容秘诀 84
我的健康疗法 86

5章 舌尖上的12个月 91

4月 清煮山蕗/腌泡山蒿菜 92

5月 日式笋干/豆瓣酱 94

6月 梅子酒/梅干/梅子糖浆/梅子味噌/腌花椒/花椒拌小银鱼 96

7月 紫苏腌茄子/甜米酒（江米酒） 104

8月 青辣椒味噌/青辣椒三升腌 106

9月 腌泡紫苏果/糖醋腌泡嫩姜 108

10月 红薯干/酱油腌蘑菇 110

11月 柿子干/油腌牡蛎 112

12月 腌白菜/柚子醋 114

1月 泽庵萝卜/腌咸萝卜/腌萝卜干 116

2月 味噌 120

3月 味噌拌山蕗/腌油菜花 122

后记 126

- 关于本书的标记方法

  本书中菜谱的食材，基本以2人份或者易于烹饪的量标记。

  计量单位为1杯=200 mL，1大勺=15 mL，1小勺=5 mL。

- 关于本书中介绍的药草

草药由于萃取部位、萃取方法等的差异，实际药效也有所不同。
不能确保完全改善病症。如服用后出现身体异常，本书不承担责任，后果自负，敬请谅解。

- 用于存放准备食材、草药等物的密封容器、存储瓶，

使用前必须加以煮沸消毒，或者使用高纯度酒精消毒，
随后使用干净的布擦拭，待风干后使用。

设计：三木俊一（文京图文工作室）

摄影：马场若菜青山纪子（p83,97,99,101）

插图：水上实

采访、构文：时政美由纪（火柴盒子）

编辑：别府美绢

1章 尽享四季生活

我家南侧为，配有一间 10 畳（约合 15.3m^2）和一间 8 畳（约合 12.3m^2）的房间布局。如果去掉两个房间隔断所用的拉门和拉窗，即可形成一个开阔的室内空间。日式住宅的特点是，可随心所欲地改变房间布局。清扫时也能轻松扫到每一个角落，十分轻松便捷。

专门晾晒柿子的地方，也是女主人常年做家务的专属领地。冬天只需在走廊与房间之间设一道拉窗，走廊就能像阳光房一般暖洋洋的。

厨房水槽上方的架子和木门，展现出一派复古风情。碗碟架最适合用于收纳蒸笼、餐具以及容易发霉的木制厨具。天然气管道旁边的小型炉灶一般摆放 4 个灶台。

在夏季暑伏期过后，我择三天晴朗之日，将6月份用盐腌制的梅子和红紫苏放在阳光下晾晒。我深信在太阳公公的普照下，它们的味道一定会变得更好。

家事随四季变化而变化

亲近自然，享受生活

山蕗（掌叶蜂斗菜）、艾蒿、芹菜，这些都是春之仙女造访时，馈赠给我们的山间野菜。由于口感鲜嫩且鲜有涩味的嫩芽和嫩菜，生长周期较短，需在其完全成熟前摘下，然后不厌其烦地将其摆上我们的餐桌。待我们将梅子及花椒的初夏清爽香气汲取殆尽时，夏季也即将如期而至。这时就需大量食用紫苏与番茄、茄子与黄瓜、青椒与其他夏季时令鲜蔬，把它们做成酱菜和泡菜。当与这种用水气十足的夏季鲜蔬腌制出的泡菜亲密接触时，能感到清凉感从四面八方袭来。

而在空气逐渐趋于干燥的秋冬时节，我则开始准备风干柿子和山芋，甚至还会准备风干蘑菇、白菜和萝卜。借助太阳公公之力晾晒干货。原本富含水分的蔬菜，经晾晒其拥有的香甜口感充分浓缩，只需如此即可使其独具风味。我会在整个冬季里，不断地将风干后的蔬菜制成酱菜，且制作一整年食用量的味噌酱，这也是冬季里的一大重要活动。

也许大家会不由得认为，那你这一整年都在为家事奔波吧。不过，不可思议的是，触碰蔬菜和植物的瞬间，我整个人都会变得宁心静气、心无杂念。是否又到了腌制樱花的季节？后山的花椒是否已经结果？就是这样，我一边寄情于山水之间，感受季节更迭变化；一边撸起袖子，勤勤恳恳地做好每天的家事。

春天，可在田间摘取大量的山蕗。其根茎可清煮、佃煮或加以炒制。叶子也无须扔掉，直接用于佃煮或加味噌炒制即可。

夏天，种子不知何时散落于庭院内，后院丛生出红紫苏和青紫苏，不只是叶子，甚至连其花朵和果实，均可用盐腌制后食用。

秋天，悬挂于走廊的100多个柿子成了“重头戏”。在这个熏蒸柿子较多的季节里，阳光下的柿子弥足珍贵。柿子尚未干透，孩子们却早已开始偷偷地将其一个个摘走了。

冬天，萝卜密密麻麻地悬挂于屋檐下。凛冽的寒风，能令萝卜倍增甘甜。虽然风干萝卜的那两周屋里光照不太好（受萝卜挂在屋檐下的影响），但不经一番彻骨寒，哪得萝卜扑鼻香？

夏冬两季的生活方法

山上吹拂而来的清风，宛若天然空调般凉爽

我家的房子是一座建于 90 年前（房龄 90 年）的日式老宅。

短暂生活于此地后，我才发现，原来老宅在建造之初，便充分考虑了日本的风土气候，费尽心力建造而成。

设计于房间南侧的房檐，能有效遮蔽炎炎夏日射入屋内的阳光，刚好还能“对影成三人”。

红紫苏汁，最适合在海边玩耍出汗后饮用，能为身体补充矿物质。

夏季，我会给垫子换上灯芯草的坐垫套。它能有效吸收汗水，坐后不会感觉身上黏黏的。

我家房屋北侧有一座小山，丝丝凉风从山顶上吹拂而下，并从南侧的窗户穿堂而出，宛如天然空调。

在这里，没有空调也能舒适地生活，一缕缕清风还能带走屋内的湿气。

当初，正因为受到了凉风吹过瞬间清爽的吸引，我才义无反顾地从东京搬至此地。屋外气候明明潮湿闷热、令人烦躁，踏入房间后，夹带着山间树木清香的清风，便嗖的一声穿过屋内。单凭这一点，就足以让我流连于此。

风铃、坐垫、蚊帐，是我家的夏日三宝

由于家中有天然的凉风吹过，所以我家的夏日装备十分简单。如果夏季气候过于潮湿，只需把棉质坐垫套换成草质（灯芯草），窗边再挂上风铃即可（避暑）。在风铃“叮铃铃”的伴奏下，小憩于榻榻米之上，简直就是最幸福的时光。另外，早上起床后，来上一杯红紫苏汁，其口感清爽、酸甜适中，一口下去，能快速唤醒疲惫的身心。

由于我对蚊帐的透风性要求较高，所以花大价钱购买了 100% 麻纱面料的蚊帐。

此外，由于我很享受山间吹来的徐徐清风，所以即使在夜间也大开窗户。

换言之，我家处于半野外露营的状态，蚊虫自然也自由穿行于我家的每个角落。

因此，蚊帐是必备品。只有在蚊帐的保护下，我才能安然入睡。

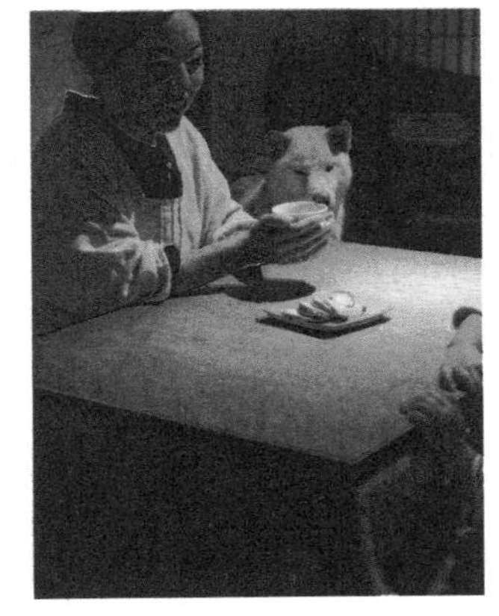

坐在脚炉边，敲着键盘，吃着甜点。围炉边是我们全家在冬日里团聚的地方。

冬季与家人团坐，静享温暖

曾有很多人问我，居于日式老宅内，夏季虽比较舒适，不过到了冬季会不会很冷啊？

火盆不仅可以取暖，还能拿来烤年糕和山芋。

的确，老式日式建筑窗户也关不严，地板上也有几处缝隙，密封性差，只能任由凉风在屋内肆意穿梭。另外好笑的是，我的母亲冬天来我家玩时，都穿着厚厚的衣服，一副要去爬雪山的架势。

不过，冬天太阳高度虽低，但房间采用的是全阳通透房型的设计，房间南侧全是大落地窗，所以阳光能照进每个角落。特别是走廊，被阳光晒得暖暖的，堪比阳光房。

只需在走廊与房间之间加上一道拉窗，便有了双层窗保障，可大大提升室内的保温效果。

即便如此，还是难以保证整个屋子的温度，无奈只得采用全家人围坐在围炉旁、穿着长棉马甲、将碳放入烤火盆等方式取暖。只要确保自己所在的位置足够温暖，还是能很舒服地度过每个冬日。倘若房间内只有局部暖和，家人聚集的地方就是冬日温暖的所在。

冬季，全家人一起抱团取暖的生活方式，也是一大乐趣。

我最喜欢光线重叠后，照进走廊和榻榻米所留下的影子。只要有一米阳光，即便再寒冷，这里也依旧是温暖舒适的所在。

春季菜单

漫山遍野的菜花与青豆，在鲜嫩的洋葱中加入新鲜的海藻。春天是度过了刺骨严寒后，万物复苏的好时节。极富生命力的新芽也都跃跃欲试，破土而出。

土当归拌油菜花

材料（2人份）

油菜花1/2把，土当归10 cm长左右，蛤蜊（带壳用3%盐水泡一晚去沙）100 g，酒1/2大勺，高汤 适量，盐 少许，醋味噌（醋1/2大勺，白味噌1大勺），蛤蜊高汤1大勺，味醂1大勺，日式辣椒粉 少许

* 味醂：甜料酒，也用作调味作料，即日本的料酒。

做法

1. 油菜花焯水后沥干水分，切成4 cm长的小段。土当归去皮后切成小长条形状，泡在醋水（非菜谱中的醋）中。

* 土当归皮可使用芝麻油翻炒，加入等量的酒、酱油、味醂调味后做成炒牛蒡丝。

2. 将蛤蜊放入锅内，加入酒，盖上盖子，蒸熟。煮至蛤蜊盖打开后，取出其中的肉（并提取其中的汤汁）。
3. 将醋磨味噌的材料搅拌均匀。
4. 将油菜花、土当归、蛤蜊放入容器内，撒上醋磨味噌后即可。

酒蒸真鲷裙带菜

材料（2人份）

鲷鱼2块，盐 少许，酒1大勺，大葱5 cm长，生裙带菜20 cm长，生姜1小块，海带 适量，酱油1大勺，芝麻油1大勺

做法

1. 鲷鱼双面撒盐后放置10分钟左右。大葱斜着切成薄片，生姜切丝，裙带菜清洗后切成适当大小。
2. 鲷鱼沥干水分后，在鱼皮表面切花刀。在容器内铺一层海带，放上鲷鱼后，撒上酒，将其放入已热的蒸锅内，高火蒸煮5分钟。
3. 放入大葱和裙带菜，再蒸3分钟后将其取出。均匀撒上加热后的酱油与芝麻油，最后放上生姜丝摆盘即可。

白煮嫩洋葱

材料（2人份）

嫩洋葱1个，高汤 适量（浸没食材即可），盐 少许

做法

1. 将洋葱去皮，从头部切成十字至根部（不切断）。
2. 锅内放入嫩洋葱，倒入高汤（没过洋葱），加盐煮至柔软即可。

白拌嫩豌豆

材料（2人份）

嫩豌豆100 g，盐 少许，白拌皮（棉豆腐1/6块，白炒芝麻1/2大勺，白味噌1/2大勺，味醂1/2大勺，盐 少许）

做法

1. 将棉豆腐沥干水分。嫩豌豆去筋放入盐水内焯水，沥干。
2. 研碎芝麻，加入豆腐搅拌至光滑。随后加入其他材料充分搅拌、研磨。
3. 吃前放入嫩豌豆和步骤2的食材，拌匀即可。

白拌嫩豌豆
土当归拌油菜花
酒蒸真鲷裙带菜
土当归炒牛蒡丝
白煮嫩洋葱
味噌酱拌饭

夏季菜单

富含大量水分的夏季鲜蔬，最适合驱赶体内湿气。即便是在食欲不振的闷热季节，面类与山药的滑溜清爽口感也能激发食欲。

竹荚鱼嫩煎夏季鲜蔬

材料（2人份）

竹荚鱼（切成3片后去掉中间的大鱼骨）2条，盐 少许，淀粉 1大勺，南瓜 4块，红辣椒 1/2个，芦笋 4根，紫苏 5片，调料A（高汤 300 mL，酱油 3大勺，味醂 2大勺，黑醋 1大勺），食用油 适量

做法

1. 竹荚鱼两面撒盐后，放置10分钟备用。去除其水分后，拍上淀粉。红辣椒、芦笋切成适度大小。紫苏切丝。
2. 锅内放入调料A，快速煮沸。
3. 平底锅内放入油，油热后放入竹荚鱼和夏季鲜蔬，以中、小火加热，趁热放入步骤2食材泡制30分钟以上。随后装盘，撒上紫苏丝即可。

油炸玉米饼

材料

玉米 1/3根，黑木耳 2片，棉豆腐 1/2块，山药泥 1大勺，盐 少许，玉米淀粉 1/2大勺，生姜泥 适量，酱油 少许

做法

1. 将豆腐沥干水分。
2. 将生玉米脱粒。水发木耳后，沥干水分。
3. 豆腐放入蒜臼内研磨，随后加入山药泥、盐、玉米淀粉后充分混合搅拌，加入步骤2食材后团成小金币形。
4. 将油倒入锅内加热至170 ℃左右，加入步骤3食材后炸至金黄色。随后放入生姜，并依据个人喜好蘸上酱油即可。

毛豆泥拌茄子

材料（2人份）

茄子 2根，调料A（高汤 50 mL，盐 1/2小勺，味醂 2小勺），毛豆 100 g，红辣椒 少许

做法

1. 毛豆泡软后加入盐水中焯水、去皮，使用研磨棒碾碎。
2. 茄子蒸熟，去根、去皮，放入调料A中浸泡入味。
3. 茄子沥干水分，切成宽度适宜、长5 cm的小块。
4. 在步骤1中，放入调料A，调整硬度，做成凉拌毛豆泥外皮。
5. 将茄子放入步骤4处理后的毛豆泥容器内（蘸上一层毛豆泥外皮），最后撒上切成小块的红辣椒，加以装饰即可。

梅子味噌凉面（竹筒面）+凉山药汁

材料（2人份）

凉面 2把，梅子味噌（参见第101页）2~3大勺，野姜 2根，黄瓜 1/2根，紫苏 5片，生姜 1块，山药泥 60 g，调料A（高汤 2小勺，酒 1大勺，盐 少许）

做法

1. 野姜、紫苏、生姜切丝，黄瓜切成约5 mm长的小块。
2. 将梅子味噌中的梅子切碎，与味噌充分搅拌，出静置。
3. 锅内放入调料A，中火加热，煮沸后分多次、少量放入山药泥，充分搅拌均匀。
4. 凉面焯水→冷水清洗→使用笊篱捞起。然后放入步骤1食材、梅子味噌以及步骤3的山药汁，加以搅拌即可。

梅子味噌凉面
油炸玉米饼
凉山药汁
竹荚鱼嫩煎夏季鲜蔬
毛豆泥拌茄子

春季食材与食疗

口味略苦的山间草药，排毒效果极佳

山蕗露新颜，油菜花正艳，争相破土出，时节已春天。结合自然变化，我们的身体也逐渐切换模式，适应冬春两季交替。冬季，为了确保体温和热量不流失，我们的身体会自然而然地多摄取一些高热量食物，用于储备能量，因此脂肪、废物、毒素等会大量堆积于体内。但是，春天到来，画风突变。人体新陈代谢开始趋于活跃，体内囤积的脂肪和废物也需要排出体内。此时，只有柑橘科和具有苦味的山间野草，才能帮助人体排出废物，促进人体顺利地由冬转春。

自古以来，就有“春季苦味盛”这一说法。这是因为苦味食材能够有效促进身体排出废物。春天气温上升，心火也堆积于体内，从而导致头部充血上火、头晕目眩、睡眠质量差，若在此时食用苦味食材，即可有效排出身体堆积的湿毒，从而缓解身体疲劳。

油菜花为春季鲜蔬之一，味略苦。它具有温暖身体、促进血液循环的功效。

山蕗初开，暖春自来。掌叶蜂斗菜（山蕗），是初春到来之际，最想要品尝的春之苦味菜。

酸味食材，补肝养肝

春季同时也是解毒器官——肝脏负担加重的季节，中医学指出，酸味食物有增强肝功能、补肝宜肝的功效。此外春季到来，很多柑橘类食材也应季破土而出，用醋酱拌油菜花及冬葱等口感也会显得更好。想必这也是人体积极响应自然变换而激发出的本能需求吧。酸味食材还有八朔橘、伊予柑、草莓、野生掌叶蜂斗菜（山蕗）、竹笋、艾蒿……

我会将这一时期具有解毒、促进毒素排泄功能的食材组合烹饪成药膳，以促进身体排出囤积已久的毒素、垃圾。

食用当季鲜蔬，清热、祛暑、降温

日本的夏季气温高、湿度大。在这样的环境之下，体内特别容易堆积湿、热气。于是便不由地想要吃点生冷食物，只能强忍了。这是因为人体的胃肠怕冷，如过量摄取生冷之物容易导致消化不良、食欲不振。这也就是人们称夏天为“苦夏”的原因之一吧。

而时令的夏季鲜蔬，几乎都具有祛热、除湿的特性。

以黄瓜、冬瓜、西瓜等瓜类为首，番茄、茄子、秋葵、苦瓜、黄麻等夏季蔬菜，均含有大量水分，可缓解口干症状，最适合在挥汗如雨的夏季为人体补充水分和矿物质。大量食用冷饮和冰激凌，只能降低体温，百害而无一利，倒不如多食用些夏季时令鲜蔬。

夏季食材与食疗

毛豆在炎炎夏日具有促进肠胃蠕动的功效。

番茄能够降低体温，减缓潮热汗出、口干舌燥等症状，富含矿物质。

需在夏季鲜蔬中添加一味暖身草药

即使减缓了潮热汗出症状，但为了不让胃肠过冷，还需在夏季鲜蔬中加入少许生姜、紫苏、大蒜等暖心暖胃的中药，才可有效调节身体平衡。

这类可入药的食材还具有杀菌、防腐的效果，对预防暑热以及梅雨季节的食物中毒症状也十分有效。此外其具有的清爽香气，还能激发人们在夏季原本不佳的食欲，促进消化。

可在生番茄上撒上切成细丝的紫苏叶做成沙拉，或把茄子与大蒜放在一起做成一道辣炒茄子，或将冬瓜和生姜搭配，制作一道蔬菜味儿十足的冬瓜姜汤，这样就能通过食材的排列组合，确保冷热均衡。

秋季菜单

秋天是果实收获的季节，通过把各种正值时令季节的干果类食材与芋头类食物排列组合，制作出一道道暖心暖胃的好菜肴。如果再用上几种当季水果，则令餐桌更富有季节感。

柿子拌芜菁

这是一道充分渲染柿子的甜味与酸橘的酸味，而无需调味料的菜肴。

材料（2人份）

柿子1/2个，芜菁1个，盐少许，酸橘1个

做法

1. 柿子切成半圆形（银杏叶形）。芜菁切成半月形。芜菁叶子焯水后切碎。
2. 在芜菁和其叶子上撒盐入味后，放置一段时间。
3. 把柿子、芙菁、芜菁叶子充分搅拌，最后淋上酸橘汁调味即可。

栗子米饭

虽然剥栗子皮比较费时间，不过有了它，享用食物的满足感能大大提升。

材料（便于制作量即可）

栗子（带皮）400 g，米2合[1]（约300 g），水400 mL，盐1勺多一点，黑芝麻盐随意

做法

1. 用菜刀将栗子的硬壳和内皮剥掉，放入水中浸泡。
2. 清洗大米后使用笊篱将其捞起，晾30分钟。
3. 土锅内放入米、水、盐，充分搅拌，接着放入沥干水分的栗子（整个放入或者切一半），然后开始煮饭（土锅米饭的炊制方法参见第38页），最后根据个人喜好撒上黑芝麻盐即可。

译注：
1 内蒸盖：日本特有的锅盖，小于锅，放入锅内，用于固定食物，防止水分流失。
2 合：日本度量衡制尺贯法中的体积单位，为1L的1/10或者坪或步的1/10（面积，容量单位）

生姜煮沙丁鱼

生姜能够有效去除青鱼的鱼腥味，食用时口感清爽。

材料（便于制作量即可）

小沙丁鱼（50 g左右一条）13~14条，生姜40 g，调料A（水200 mL，酒100 mL，酱油5大勺，味醂4大勺，醋1大勺）

做法

1. 用菜刀刮去沙丁鱼鱼鳞，切掉鱼头、去除内脏。将沙丁鱼用清水洗净，擦去水分。
2. 生姜带皮直接切丝。
3. 在锅的左侧摆上沙丁鱼头，放入调料A和生姜以中火加热，然后盖上内蒸盖[1]煮15分钟左右。
4. 取下盖子，继续加热至汤汁收至原来的一半即可。

核桃香拌芋头、口蘑

在核桃浓郁口感的外壳包裹下咬上一口，秋之温暖，回荡口中，回味无穷。

材料（2人份）

芋头2个，口蘑1/4袋，酱油适量，核桃1大勺，白味噌1大勺，味醂1大勺

做法

1. 芋头蒸熟去皮，切成适度大小。口蘑放入平底锅内煎烤，煎熟后洒上酱油调味。
2. 将核桃翻炒后，放入捣蒜器内磨碎，加入白味噌和味醂搅拌均匀。
3. 将步骤1和步骤2食材搅拌到一起即可。

栗子米饭
核桃香拌芋头、口蘑
柿子拌芜箐
生姜煮沙丁鱼

冬季菜单

冬季是萝卜、胡萝卜、芋头等根菜类（被子植物门）味道鲜美的季节。让我们通过小火慢炖或发酵等烹饪方式温暖我们的身体，挺过严寒的季节吧。

酒糟根菜豆乳汁

材料（2人份）

芋头1个，莲藕长3 cm左右，胡萝卜长3 cm左右，萝卜长3 cm左右，酒糟2大勺，高汤350 mL，白味噌（白酱）1大勺

做法

1. 芋头去皮，切成适度大小。莲藕、胡萝卜、萝卜切7 mm厚银杏叶形薄片。酒糟内加入少量高汤后，静置片刻。
2. 锅内放入高汤与步骤1食材，炖煮至菜肴软糯。最后加入融化后的酒糟和白味噌，煮至沸腾关火即可。

龙田油炸青花鱼

材料（2人份）

青花鱼半条，调料A（酱油1大勺，酒1大勺，味醂1大勺，生姜汁1/2大勺），玉米淀粉适量，食用油适量，圆白菜适量

做法

1. 青花鱼切2 cm厚的片。放入调料A中，浸泡10分钟入味。
2. 青花鱼沥干水分后，拍上玉米淀粉，待油温170 ℃炸至变色。
3. 装盘，再随即摆放切碎的圆白菜丝即可。

青菜泽庵菜丝

材料（2人份）

泽庵菜（参见第117页）长4 cm左右，胡萝卜长4 cm左右，油菜1~2棵，盐少许，味醂1/2大勺

做法

1. 泽庵菜切成细丝。胡萝卜切细丝，撒上盐入味去水分。小油菜加盐焯水后，切成3 cm长的小段。
2. 将处理后的食材1放入碗内，撒上味醂，用手搅拌，放置一段时间，使其充分入味即可。

柚子味噌酱拌萝卜

材料（2人份）

萝卜1/4根左右，海带切成5 cm长，调料A（味噌酱2大勺，味醂2大勺，酒1/2大勺），柚子皮少许

做法

1. 萝卜切成3 cm厚，削掉较厚的一层皮，并在萝卜上划十字花刀入味。
2. 锅内加入海带、萝卜，并放入水（水没过萝卜），中火炖煮，煮沸后再转小火炖煮30~40分钟，直至竹签可轻松戳透萝卜为佳。
3. 锅内放入调料A，转中、小火，煮沸后用勺子从锅底向上边搅拌边炖煮3~4分钟。请注意不要急于求成。根据个人喜好煮至汤汁黏稠。然后在餐具上摆放好萝卜，撒上味噌酱，最后放上柚子皮装饰即可。

* 萝卜皮可使用酒、酱油、味醂腌制成酥脆腌萝卜丝。

柚子味噌酱拌萝卜
青菜泽庵菜丝
龙田油炸青花鱼
酒糟根菜豆乳汁

秋季食材与食疗

身体自然所需的季节食材

秋季，正是最期待的具有温度、口感绵软的栗子、莲藕、红薯等食材成熟的好时节。遵从身体自然需求，在这一季节摄取这类食材，才能获得相应的功效。

入秋后，很多人易得感冒咳嗽或哮喘加重，其实这就是由于在秋季吸入干燥空气的鼻、喉、支气管等呼吸器官，已经丧失了大量水分，变得容易受损的缘故。呼吸器官干燥，会引发炎症，并使病毒及细菌繁殖，进而导致咳嗽、痰多、哮喘等呼吸疾病的发生。

在这样的季节里，为了在如此干燥的气候中，确保我们的呼吸器官的功能正常运转，需多食用一些具有清咽、润肺功效的食物。比如芜菁、银杏、栗子、莲藕、芋头、花生、珠芽、蘑菇、梨子、柿子等秋季成熟的蔬菜以及水果、种子类食物。中医学认为，这类食材中富含清肺、滋阴、润燥的成分，并且具有补充身体体液的功效。

芋头中黏黏的成分，对滋润呼吸器官以及胃肠黏膜具有显著功效。

柿子也可用于制作凉拌菜以及米糠泡菜。不过柿子性冷，食用时请搭配其他药材。

通过食用秋季果实与种子，滋养身体

一入秋季，我就会积极主动地把这些食材摆上餐桌。把栗子和花生放入锅内做成干饭，或是将莲藕与芋头煮得软糯香甜，或者把它们团成丸子吃掉。梨子、柿子等水果，我也经常拿来做凉拌菜。多吃这些秋季赐予我们的食物，才能保证身体机能在季节交替过程中正常运转。

冬季需随遇而安、舒适轻松地度过

如果说春夏两季是动、植物生命活动的“阳”季，冬季则是万物休眠、安静度过的“阴”季。

换言之，在这个储藏生命能量的期间内，野生动物们处于休眠状态，我们也需要将身体模式切换成休眠状态。

冬季清晨，出现的起床困难症状，实际上就是大自然的规律在作祟。一入冬天胖几斤，也是其作祟的结果。所以此时，我不会刻意控制自己，而是自然而然地摄取食物，过冬时也不会过分要求自己，确保轻松舒适地度过每一天。

大葱是一种具有温暖身体、祛风散寒之功效的食材。适合预防感冒时食用。

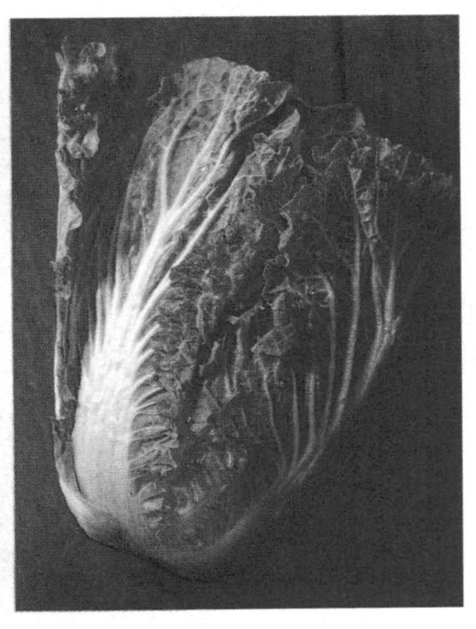

白菜性偏冷，所以需小火慢炖，放入炖锅和炖煮菜肴中煮制即可。

补充温暖身体所需的能量

在这个寒冷的季节，我会有意识地通过饮食摄取温暖身体的能量。比如大葱、胡萝卜、山药、芋头、蘑菇、百合根、黏米等。这些食材都具有温暖身体的功效，是为我们补充“动力”“精力”的食物。

日本人在年末、年初吃年糕这一习俗，想必也是考虑到黏米的食物性质。大葱并不只是一种佐料，如果放入浓汤中，即可作为一种食材。百合根也不仅是制作正月菜肴时使用，可将其蒸透后做成丸子（氽丸子），或者加入干酪炖菜里使用，也能暖胃暖心。

冬天总是忍不住多吃几次火锅，下意识地多吃这种有意义的常备菜，选择能够温暖身体、驱赶寒气的烹饪方法才是最佳选择。除了胡萝卜、蘑菇、大葱外，即便是性凉的白菜和萝卜，放入火锅内，也可放心食用。

土锅米饭吃到饱

伊贺烧是一种质地很厚的饭锅。它采用双重盖子构造，具有压力锅的功能，也不需要频繁调整火力。保持中火，烹制 15 分钟即可。

再来一碗米饭，是我们家的常态

我家已经有 15 年不使用电饭锅了，一直使用的是专门用于烧饭的伊贺烧土锅。使用这款土锅，烹制 15 分钟即可，而且炊制的米饭味道一级棒。可以说，要是没有这款土锅，我们家就吃不上如此好吃的米饭。甚至每次短途旅行，我都要带上家里的土锅和糠桶。这是因为土锅具备的远红外线效果，能加热至大米内部，确保每一粒大米都松软且具有光泽。打开锅盖的瞬间，都会为扑鼻而来的大米香味、每一粒大米闪烁的光芒，以及搅拌米饭时的松软感受而陶醉。

这样的米饭，总是忍不住多吃上几碗。另外我家每次煮饭之前，都会先使用家用脱粒机（精米机）将大米胚芽做成精米。这种米比白米的营养价值更高，且比糙米更容易消化，所以我家都使用胚芽米。然后在大米中分别加入黑米、绿米、燕麦、大麦等杂粮，甚至有时候还会加上一些应季的食材，只要米饭味道好，配菜简单搭配就行了，有了好吃的米饭就能吃得饱饱的。

春季食用加入桃虾和韭菜烹制的米饭。烹制米饭时加入桃虾，饭熟后，撒上切碎的韭菜即可。

夏季食用加入毛豆和野姜的米饭。野姜切碎后加上酱油和酒等调料烹制米饭。饭熟后，放入加盐煮熟的毛豆，色香味俱全。

秋季食用家常栗子饭。我认为使用菜刀一次性去除栗子的硬壳和内皮最省事。制作时，在米饭中加入沥干水分后的栗子和少许盐即可。

冬季食用黑豆山药饭。这种饭是我家经常做而且最喜欢的米饭。做熟的米饭呈现暖暖的粉色，所以每当我家有什么喜事，也会烹制这种米饭表示庆祝。制作时，只需撒上盐加以调味即可。

路边野花装点家

随意野行偶遇山间野花，不免心生怜爱带其归家

只要摆放些许植物，屋内即刻多了些生活情趣。

这或许是因为，虽然只是摘下了一朵小花，却拥有它独特的生命力的缘故吧。

说起植物，最让我心生怜爱的，还是那些悄无声息地开放于路边及山中的山间野草和院中小花。比如春季的堇菜花、繁缕、醋浆草、野豌豆，夏季的鱼腥草、紫露草、紫苏，秋季的姬曼荞麦和橐吾、马蓼、毛蓼，冬季庭院内生长的山茶、梅花和水仙等。

它们与观赏植物不同，乍看之下，并不起眼，但细品又给人优雅之感，每每在路边看到，都不禁驻足观赏，并被它们深深吸引，难以忘怀。有时，叶子会被虫蛀，但这些许残缺，并不影响它们的美。因为它们都是大自然的杰作。

我会把这些上天赐予的小生命放入大盘子、酒壶、玻璃瓶内任其生长，再摆放于壁龛、大门口、洗手盆以及卫生间等处。鲜花具备自然花香，也是天然的除臭剂。

我生活的叶山，山间野花野草都是漫山遍野地绽放，供人采摘。或许有人认为，这些野花野草只有大自然中才有，其实不然。我在东京生活时，也经常摘一些野花野草，用来装点房间。这是因为只要你轻轻低下头，就能意外地邂逅这些纤弱又坚强的小生命。

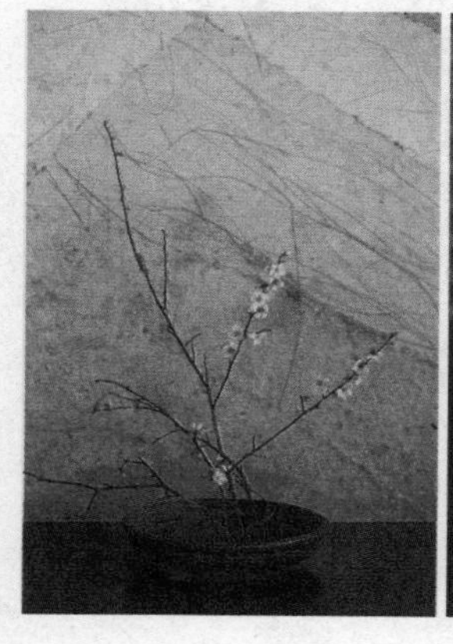

我大胆地将后院生长的紫苏剪短后，摆放于大盘内。将小小的佛座草插入酒瓶中。我的插花风格是：不会在一个插花作品中放入很多种花卉植物，而是只选择 1~2 种简单的植物。

即便是平日里并不起眼、容易被人忽略的毛蓼花，也有为空间增色添彩、打造室内可爱风格的妙用。

印有诸如圣女果、子午莲、夜樱、夏橙、山茶花、圣诞花等图案的印花棉布，褪色后使用起来更为舒心。

用印花棉布增色添彩

通过使用描绘自然花纹的和风印花棉布[1]，为房间带来季节感。可能世上没有比这种日式小方巾更好用的棉布了吧。这么一块小巧、可随意折叠的棉布，吸水性和去污力都十分出众。

我认为，它是一款凝聚了日本独特美感的精巧物件。它的设计还融合了日本古典图案以及现代花纹，创意感十足。我个人则特别喜欢日本自然风格的棉布，总忍不住偷偷地把印有一年四季花纹的棉布大量带回家，现在手头有 30 多块。四月的樱花、五月的春笋、六月的紫阳花，这类印有季节花纹的棉布，我都挂在洗手台的架子上使用。除我之外，我的客人们和教室的学生们也使用这个卫生间，我希望他们在使用这些棉布时，也能感受到季节更替带来的变化。当年我居住在东京时，也是通过时常更换这种小棉布，为房间带来季节感。我家还有一些用旧的棉布，或是直接剪成小块用作擦手巾，或是盖在菜篮子上遮挡购买的蔬菜，有时我会把棉布做成短裤给儿子穿，每一块布我都视若珍宝、爱不释手。

而挂在卫生间的棉布，我则会选择有季节感花纹的。对我来说，每天考虑换什么图案也是一件乐事。照片里的衣架，是使用竹子和麻绳制成的。

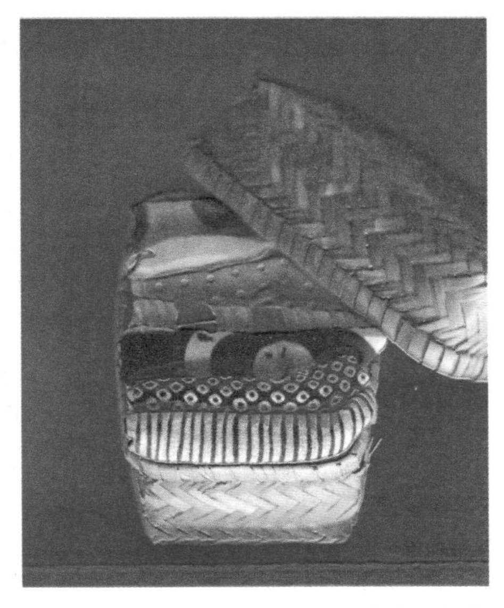

我把用旧的棉布裁剪成小块，当作客人的擦手巾，并把它们一块块叠好放在竹编的小框里备用。

这种棉布还可以当作外出购物、去海边或者短时外出时遮盖物品的竹筐盖。有了它，我在竹筐里放任何东西都不用担心被别人看到，会感到很安心。

使用一整块棉布制作的这种短裤穿上十分清爽，在炎热的夏季非常舒服。只需运用好这种棉布的侧边，不用封边，就能在短时间内做好一条简易的短裤。

译注：
1 棉布：是一种棉质的，可用于擦汗、擦脸、擦手、洗澡时擦拭身体的平织布，是日本传统风格的薄棉布除此之外，还能通过佩戴，达到遮风挡雨、防尘的目的。

下田劳作

上图是 8 月底收获的夏季蔬菜。其实黄瓜和扁豆有些过熟了，不过它们都是我们用心栽培的产物，凝聚了我们的爱，所以觉得很好吃。

面朝自然 反复尝试

儿时，祖宅的堂屋后面，有一片很大的田地。所以，对于那时候的我来说，甜点是刚摘下来的番茄、黄瓜和胡萝卜。直至今日，播种与收获于我而言，都是开心的时刻。移居至东京生活后，我时常怀念下田种地时的感觉，所以通过租借附近果农家的农园，或者在茨城县以共同租赁农园[1]的方式，亲近自然，下田耕种。

我曾经梦想有一天能在有田地的家中生活，而如今，我在离家车程十几分钟的地方找到了一块田地。农场主就是我先生。我和儿子只挑好的拿，一听说“番茄丰收了哟”“黄瓜长得太大了”，就立刻飞奔到田地里兴致勃勃地开始收获果实，直至“今天种植了 100 个土豆”时，处于挥汗如雨、身心舒适的状态下。

这片田地里，除了不使用农药外，我们也尽量把自然落叶和米糠等植物当作肥料，挑战自然栽培。不论怎样翻阅书籍、上网学习知识，若不结合实践、不在自然环境下反复尝试，都是不可取的。因此我们努力播种，先后经历过撒 200 多颗种子但最后只有两颗发芽，眼瞅着就要成熟的毛豆被野兔子连根吃掉……土地、雨水、太阳、生物，我们必须直面眼前的大自然反复尝试。于是，就有了龙须菜、青豆、洋葱、毛豆……过一段时间就该收获这些蔬菜了，想必会很忙吧。

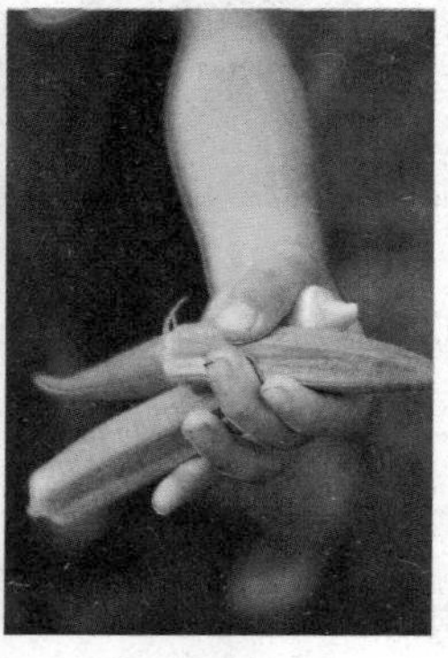

看！我们收获了这么多秋葵呢！那边的长扁豆也成熟了呢！儿子也兴致勃勃地帮我采摘这些蔬菜。另外因为他从小就下田劳作，所以从不挑食，所有蔬菜都爱吃。

这片不拔掉杂草、完全依靠自然栽培的土地到了夏天，绿色树木遮天蔽日，我们就在这样的环境下和虫儿们和谐相处。

译注：
1 共同租赁农园：是指为一般市民、双职工家庭以及城市居民，以消遣娱乐、丰富老年人业余生活、促进儿童亲近大自然为目的，小面积提供租借农田服务，用于栽培蔬菜、鲜花的农园。

专栏 1

家中常备的自制调料

豆奶沙拉酱既可搭配清蒸蔬菜，也适合搭配油炸白身鱼（肉质颜色为白色的鱼）以及牡蛎食用。而在吃蛋包饭时，请记得多放点番茄酱哦。

由于我比较担心市面所售的番茄酱和沙拉酱原料并非天然，且含有添加剂成分，所以一般自己制作。沙拉酱制作方法简单，只需在豆奶中加入柠檬汁、盐曲、橄榄油，然后充分搅拌，就大功告成。

虽然保质期短，冷藏只能存放一周左右，但是由于制作方法简单，所以我每次都会在需要时简单做点儿。

至于番茄酱，我则是赶在番茄收获季节集中制作。制作时把西芹、洋葱、胡萝卜和草药等具有增香效果的蔬菜和盐放入剁成大块的番茄中，小火慢炖2小时，最后使用打蛋器等工具将其打成泥状即大功告成。这种炖煮番茄即可做成的酱汁，由于其使用范围很广，所以集中制作一批备用的话十分方便。只要炖煮至汤汁浓稠，不论是番茄酱还是其他酱汁，放入冰箱均可存放一年之久。

2 章 每天快乐做家事

煮饭与吊汤

刚烹熟的土锅饭就是这样富有光泽，而且由于土锅吸水性强，烹熟的米饭不会粘锅。

当土锅米饭遇上浓香高汤

我家每日三餐，基本都是传统日本料理。而日本料理的基础，就是土锅米饭和高汤。烹制出鲜香扑鼻的米饭，传统日本料理基本就成功了 80%。而烹制米饭的秘诀，包含淘米方法、浸泡方法以及控制火候三方面。

1. 大米无须反复淘洗，简单搅拌即可。
2. 清洗后放置 30~40 分钟，沥干水分，无须浸泡。
3. 煮沸后转小火焖 10 分钟即可。

与米饭同等重要的还有高汤。不论汤汁、凉拌菜还是炖菜，高汤的味道直接决定了菜肴美味与否。吊汤的基本食材是海带和鲣鱼花[1]。我曾经为了制作好喝的高汤尝试过多种方法，不过毕竟是家用高汤，所以考虑的还是省事且保证味道的做法。诀窍就是一直使用小火慢炖。采用这种方法，既不会煮出海带和鲣鱼花的腥味，又能提取汤汁中的精华，而且还能在炖煮过程中随意取出海带。采用此法，即可做出人人爱喝、值得自豪的美味高汤。

吊汤（提取高汤）

【材料】

水1L，海带2片、长5cm，鲣鱼花（本枯节[2]霉菌腌制鲣鱼）15g

1. 海带放入锅内泡水（最好泡一整晚）。如果时间不够充裕，只泡10分钟也可以。

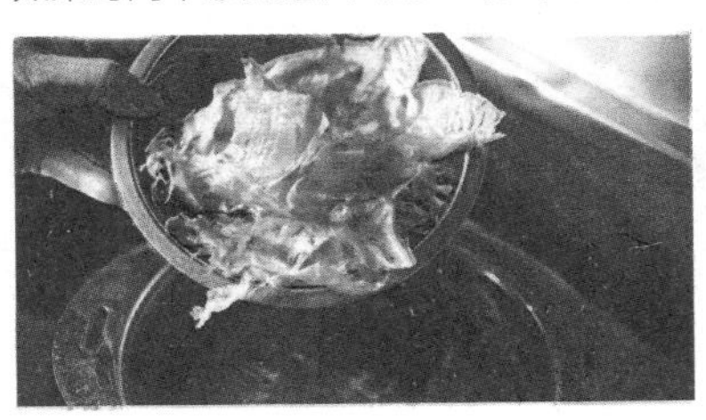

2. 锅内放入海带，以中火加热。待海带内部开始冒泡时，放入鲣鱼木鱼花。以小火炖煮10多分钟。期间需注意不要煮沸。

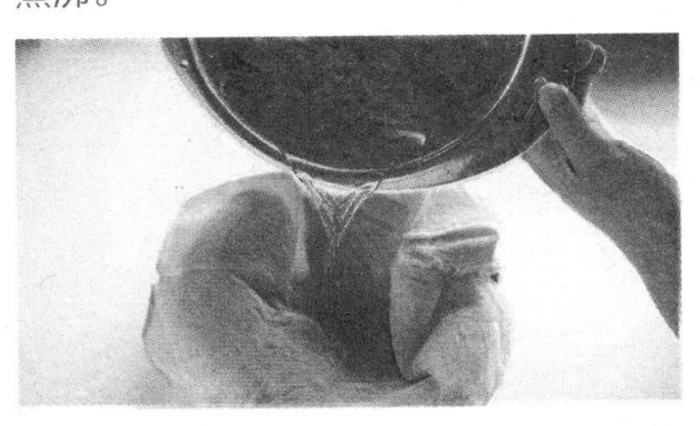

3. 转小火炖煮10分钟后关火，并随即放置一段时间。待鲣鱼花沉入锅底，将其倒入笊篱中（或者使用厨房纸）过滤。做成的金黄色高汤，如果不想立刻使用，可放置于冰箱内存放2~3天，也可分成多份冷冻存放。

* 海带推荐使用日高海带[3]。它价格合理并能煮出浓郁的汤汁，而且煮后的海带还能用于炖菜。
* 鲣鱼木鱼花中，包含不使用霉菌腌制、重视香味的"荒节"[4]，以及使用霉菌发酵的本枯节，我本人推荐使用本枯节，只需少量即可炖煮出大量汤汁。

土锅米饭

【材料】

米2合（1合约等于1/10L），水400mL

1. 一边用水冲洗大米，一边用手搅拌40~50次。请注意务必使用笊篱洗米。

2. 洗后的大米直接放到笊篱内至少30分钟，沥干水分，随后加水立刻炊饭。如果早上时间不够充裕，可在头一天洗米，洗完之后连同笊篱一起放入冰箱，转天早晨起床后立刻加水煮饭。

3. 如使用土锅，需将火候设为较高的中火。煮沸后转小火略煮10分钟。关火后盖上盖子再焖10分钟即可。

* 由于大米会快速吸入淘米时的水分，如果将大米放入碗中清洗，大米会吸收米糠中的水，导致大米有一种米糠味。
* 在沥干水分的过程当中，大米依旧会大量吸收粘在其表面的水分。如浸泡时间过长，大米反而会在浸泡过程中繁殖细菌。
* 由于具体使用的锅和大米种类皆有所差异，所以请在实际操作过程中调节火候与加热时间。

译注：
1 鲣鱼花：是指将鲣鱼加热风干后，制成的一种干货。
2 本枯节：一种表面呈茶色，且质地光滑的小鱼干。主要在高级餐馆及日本荞麦面馆中使用。一般家庭也可使用。
3 日高海带：学名三石海带，由于采摘自日高地区，被称为日高海带。它质地柔软，容易炖煮，口感好，适宜制作各种菜肴。
4 荒节：表面色泽深，专门用于加工，并且是木鱼花等干货的原材料。

我儿子特别爱喝味噌汤。这是因为我从他小时候起便教育他“味噌汤能保护肠胃哟”。

早上来一碗菜料十足的味噌汤

早餐来一碗味噌汤，清肠又营养

以前，早晨我就会做好米饭。土锅米饭搭配味噌汤、纳豆、梅干、泡菜、佃煮海带或者佃煮干木鱼。除了这些固有菜系，再加上味噌酱炒洋葱、小鱼干、炖油菜等菜肴。这一道道菜看上去虽然很朴素，但是一摆在餐桌上，便觉得能吃上这样丰盛的早餐着实幸福。

但是，直到有一天，我才突然发现，早餐就吃这么多，会使身体行动缓慢。无奈我家都是一群“饕餮之徒”。总会忍不住做出很多饭菜，导致每天都吃很多。人类的身体，完全消化、吸收、排泄所有的食物需要消耗 18 小时。

从头一天晚上进食晚餐，直至转天进食早餐，间隔 12 小时，所以早上正好处于身体的排泄时间。如果此时吃下大量的食物，则会使脏器没有休息时间，加重其负担。中医有云“清晨为排泄时间”，比起关注摄入，更重要的应该是关注怎样排出。不过，我曾经尝试过一次不吃早餐，果然难以坚持到中午。于是经过反复试验，我家决定每天早晨只来一碗加入大量菜料的味噌汤。汤里必放的有应季的芋头类食物、矿物质丰富的海藻类食物、纳豆，以及大葱等佐料。其中富含的膳食纤维以及发酵食材，既能促进排泄，又具有饱腹感，但又不会吃得太饱，有清肠理胃的功效。

这一碗加入了萝卜、白菜、红薯、油炸豆腐、纳豆、大葱、裙带菜的冬季味噌汤，再加上混合了我家自制的麦子和糙米的味噌酱，好吃到没话说。

若制作的是简单的蔬菜盒饭，每周制作三次也能轻松坚持下来。我儿子有时候也会帮我装饭。“只需煮透，芋头和洋葱都可以带皮吃哦。”

中午搭配一盒简单的蔬菜便当

早上集中制作好一家三口的便当

儿子三岁时，开始去青空自主保育院[1]上学，于是我家就开始了每周为儿子做3次便当的生活方式。我先生是自由职业，能帮我做一些事情，但即便如此，由于我要准备烹饪教室的工具、食材，也没有足够的时间。另外我也听说过，很多妈妈都努力变换花样地给家人准备便当。于是，我该怎么办呢，几经思量，我决定也给我的家人制作简易的蔬菜便当。

饭团配梅干，然后再配上多种时令鲜蔬，有它们就足够了。虽然调料就只有食盐而已，但是由于蔬菜都是文火慢炖，或是加以清蒸，蔬菜本身的甜味和香味均通过蒸煮散发出来，所以只需食用这些菜肴足矣，百吃不厌。如此，我认为完全没必要大费周章地做菜，或是每天变换花样去烹饪菜肴。只需结合季节，稍微在配菜上换点花样不就足够了吗？我给儿子带的饭，有一年多没有换过什么花样，但他依然每天都高高兴兴地带走，吃得干干净净地把饭盒带回来。不只是孩子的便当，不上课的时候，我和我先生的午饭，也都是在做早饭时一起制作。制作时只需多做几个需要放在烤架上烤制的蔬菜和饭团，不费什么力气，就能有效节省中午的时间。有了这一段空余时间，中午便可以轻松的心态慢慢品味自己亲手制作的午饭了。

译注：
1 青空自主保育院：在日本，除了托儿所和幼儿园，还开辟出了一种“自主保育”的教育方式。以谷户山区为据点，让孩子们在大自然中成长。

我在大人的便当里，多放了一些用时令蔬菜炒制的菜肴。大人用的是漆器饭盒，而儿子用的是圆形的木饭盒。

每日时间表

准备晚餐的时候是我的休闲时间

我白天的时间都被上课和其他的工作占据了，所以只能靠早晨起床后的三个小时一决胜负。

诸如做早餐、打扫、洗衣服，这些工作都要在送儿子上幼儿园之前的这段时间内，抽时间快速处理完。所以，考虑到这一点，我做的早饭和准备的便当，都是充分考虑膳食平衡后，选择较为简单的食材制作而成。

6点30分	起床	· 饮用中药茶（白开水、红花茶等） · 洁面
7点	开始准备早餐、便当食材	· 把带饭用的大米处理成精米——淘洗、沥水 · 制作高汤 · 用烤架烤制放在盒饭里的蔬菜 · 处理所有味噌汤的材料 · 使用土锅炊制米饭 · 准备做饭团的食材
7点20分	洗漱	（利用准备早餐的空闲时间）
7点30分	制作“清晨味噌汤”	· 高汤制作完成 · 锅内放入制作味噌汤的食材和高汤炖煮
7点50分	晾干衣物	
8点	便当制作完成	· 捏饭团，将饭团放入便当盒内
8点10分	儿子起床，穿衣洗漱	
8点30分	一家三口吃早餐	
8点40分	收拾碗碟	
8点50分	收拾厨房	
	准备上课	· 准备食材、资料和茶水等
9点— 9点20分	送儿子去幼儿园	（不上课的时候送儿子去幼儿园）
9点	整理房间	· 用笤帚或者吸尘器清扫——局部擦拭清洁 · 整理放置于庭院玄关的鞋子 · 修剪花草 · 替换抹布

夕阳西下，一整天工作结束后，我会尽量抽时间陪伴儿子，然后再准备晚饭，我最喜欢这段时间。首先，我会和我先生（有时候只有我自己）小酌一杯“辛苦慰问”酒，一边准备一家三口的晚饭一边说着这一天发生的事情或者第二天的计划。为此，我家晚餐时间一般比较晚，不过，这段时间对我们一家人来说，是非常重要的沟通时间。

10点	开始上课	
14点	课程结束	·收拾厨房
14点30分	儿子归家	（有时候会出门接儿子回家）
14点30分之后	陪伴儿子时间	·给儿子读小人书、陪他画画，或者和儿子一起制作点心 ·如转天要上课，则和儿子一起出去采购（有机食品店、蔬菜水果店、市场、鱼店等）
16点	电脑办公时间	·利用儿子午睡的时间以及儿子自己玩的时间，使用电脑办公或者制作泡菜等干货
17点	遛狗	·和儿子一起遛狗
18点30分	叠衣服	
19点	准备晚餐	·先生沐浴（有时候我先生会和儿子一起沐浴，不过大部分时候儿子都会要求“和妈妈一起沐浴”，所以我会晚些和儿子一起沐浴） ·先生沐浴完毕后，一起干一杯“辛苦慰问”酒，一边小酌，一边准备一家三口的晚餐 ·这段时间对我来说，是一天中最快乐的时光
20点15分	享用晚餐	·一家三口围坐在餐桌前用餐
20点45分	与儿子玩耍嬉戏	·用餐结束后，直接和儿子、爱犬一起玩耍
21点15分	收拾餐桌	·清洗餐具，收拾餐桌 ·清洁炉灶 ·抹布煮沸消毒（设定好时间，煮沸后直接放置一整晚）
21点30分	沐浴	·和儿子一起沐浴
22点	就寝	·读着小人书和儿子一起入睡（如儿子先行入睡，我会利用之后的一个多小时的时间再用电脑做一点工作）

*没有上课计划的日子里，我会趁上课的时间外出购物，或者使用电脑做一些工作，不过基本流程始终不会变。

使用蒸笼做饭，蒸出的鱼和蔬菜味道都十分松软、鲜嫩可口，香味扑鼻。所以我家非常喜欢使用这些大小不一、各式各样的蒸笼。

嫩绿色的春季野山蕗，很容易有涩味，所以需在采摘后立刻处理。把它切好后放在案板上撒些盐去生，然后再焯水处理。

我喜欢的烹饪厨具

14~22 cm 的十得锅[1]我有 5 个，锅把手能拧下来，1 个锅把手可以安装在所有的锅上，而且还能摞起来收纳，十分方便。

若想提升烹饪水平，选择适宜的烹饪厨具至关重要

虽然影响菜肴口感的主要因素是食材和调料，但是我认为选择烹饪厨具也同样重要。比如，使用土锅烹制米饭，土锅的远红外线效果能加热至米饭内部，使做出的米饭松软可口。

使用蒸笼蒸煮蔬菜，更能浓缩蔬菜的鲜甜口感。有些蔬菜或肉类如果使用菜刀切的话，会导致其细胞被破坏，使菜肴走味儿或丧失水分，此时需结合不同情况，选择搭配锋利的钢刀加以处理。

而热传导性强的十得锅我家已经用了 10 多年了。这种锅的优点是“无水烹饪”和“余温烹饪”，我最满意的是它既能留住食材的鲜美口感，而且还不会把食材煮得稀烂。

另外我还特别爱使用铁平底锅、双把手锅、中式汤锅、炸锅、煎蛋器、脱脂烤炉等厨具。

铁锅的优点是结实耐用，不易粘锅，可长久使用。使用久了，油脂会渗入锅内，烹饪时更不易粘锅。清洗也十分方便，只需使用炊帚刷几下后放在炉灶上即可。

这种耐热性强、高温状态下可短时间内完成烹饪的铁锅，只需先加热锅，油热后再放入食材，就可烹制出色泽金黄，且不会粘锅的菜肴。

译注：
1 十得锅：宫崎制作所（miyako）公司研制、生产的一种单把手汤锅。经久耐用，锅体和锅盖能使用10年。可用于煤气炉、电磁炉(200 V)，内胆为铝制，便于收纳，好处多多，故被命名为十得锅。

工具还是老的辣

焙烙砂（锅）[1]是一种能焙炒豆子、银杏、核桃、芝麻等食材的工具。可使用它制作焙茶（炒茶）。炒芝麻时，芝麻会受热弹出，所以煎烤时需盖上盖子。

使用日本传统厨具，制作日式菜肴更方便

虽然现代社会发明出很多便捷的烹饪厨具，如（蔬果）削皮机、搅拌机、食物处理机、微波炉等，但我个人最喜欢的还是那些传统厨具。我制作日式菜肴时，就常使用它们，每每使用它们时，都会由衷感叹，这些工具真是太适合用来制作日式菜肴了，简直就是集日本先贤的聪明才智之大成的产物啊。

使用竹子或者木天蓼的藤蔓制作而成的笊篱淘米，简直太舒服了。它质地柔软，淘米时不会把米粒碰碎，而且沥水效果强。这种材质的笊篱本身也能吸收水分，能有效防止大米带有糠味。使用传统的萝卜擦制作萝卜泥，则不会令萝卜溢出过多的水分，保证擦出的萝卜甜味适中、口感柔和。处理芝麻时，使用研磨碗和研磨锤加以研磨，则味道更香；在烹饪课上，研磨芝麻时发出的噗嗤噗嗤的声音以及教室里飘荡的芝麻香味，总会引起一片感叹之声；使用它研磨凉拌菜用的豆腐以及核桃时，也不会研磨得过碎，只需调整力道就可加工出自己喜欢的食材。

我家的研磨碗使用的是加藤智也的“山只华陶苑[2]”。它的特点是：碗内部的纹路呈波纹状，使研磨的食材不易飞出碗外。擂槌（研磨棒）的设计则是参考了烹饪研究学家辰巳芳子的设计。

使用传统萝卜擦[3]处理萝卜泥，由于磨出的萝卜泥质地比较粗，可确保萝卜中的水分不溢出，擦出的萝卜口感酥脆、绵软。我也非常喜欢用它擦胡萝卜。

使用木天蓼的藤蔓制作出的淘米笊篱，网眼非常细腻而且非常漂亮。沥水时感觉一级棒，是一个能将淘米这件枯燥的事变成一种享受的厨具。

这款铁壶，我和我先生结婚前就非常喜欢，人手一只。使用铁壶煮水，能有效降低自来水中的氯离子含量，使得煮出的水口感更柔、更好喝，还能通过喝水补充人体所需的微量元素——铁。

译注：
1 焙烙砂：一种素烧、平底的炒锅。多用于炒盐、茶、芝麻等食材。也可用于制作料理——焙烙烧（蒸）。
2 山只华陶苑：产自于岐阜县多治见市的一款研磨碗。
3 萝卜擦：一种用竹子加工而成，配有 1 cm 左右锯齿形三角形凸起物的萝卜擦。

最低限度使用电器

我家用蒸笼替代微波炉加热。蒸笼除了用来制作茶碗蒸和烧卖之外，还能加热菜肴、米饭，可谓万能之选。

烹饪，最重要的是要控制火候

诸如电饭锅、微波炉、烤箱、电视机、音响这类一般情况下家中常备的电子产品，我家都没有，但也没有觉得有任何不便。日常使用土锅烧饭，如果家里客人较多，便支起一口大锅做饭。点燃后院拾来的干柴和梯田的麦秆，一次就能做出 1L 左右的菜肴。使用烧麦秆的大锅焖米饭，火力较强，味道简直好吃到流泪。

我儿子一岁的时候，我和我先生都非常热衷于使用大锅做饭，甚至还轮番盯着，预防火灾。重新加热食材时，我家则使用蒸笼（替代微波炉）加热。

南部铁器[1]的烤盘（烧烤专用，配烤架）可替代烤箱，质地较薄，导热性强，使用方便，而且不用余温即可烹饪菜肴，省时省力。有了它，就能制作出口感不逊于烤箱的炖菜、烤面包和烤蛋糕。即使只用它来烤蔬菜，也能烤出口感超好、味道好得出奇的菜肴。

这种既可以搭配烤鱼架使用也可放置于烤箱内加热的烤炉专用烤盘，绝对是我家必不可少的宝物。制作便当中的菜肴，只要有这一个工具就可轻松完成。

译注：
1 南部铁器：指的是江户时期的“南部藩”所产的铁器制品，约在今日日本东北部的岩手县境内，其中又以盛冈及水泽两地为主要的产地。

生活常用漆器

我们夫妻俩使用的饭碗来自于轮岛漆器[1]。我儿子使用的小碗则来自于净法寺漆器[2]。这种漆器碗盛放热汤后，不易快速导热，避免烫到双手，碗中的汤汁也不易变凉。而漆器勺子，则广泛用于分装饭菜，我经常使用，视若珍宝。

越用越彰显魅力的漆器

婚前就使用的漆器、婚后购买的漆器，加上亲朋赠送的漆器等，这些导致我家有很多漆器。刚开始使用它们的时候我提心吊胆，渐渐地经过反复使用，便被它的优秀之处所折服。漆器具有令人陶醉的光泽，碗内深处的显色，越经擦拭越显现出其光芒，还具有连小朋友也可轻松拿起的轻盈感。即使边角有磕碰或者掉漆现象，只需重新处理一下即可继续使用。我认为它真的是一种优秀的日本传统工艺品。

我儿子吃辅食时，就开始使用漆器的勺子了。我在课上，也都给学生配备了漆器餐具。这种漆器餐具的好处，相信只需要使用一次，便可深刻体会。我的很多学生，都是在我的课上接触了一次漆器后，便马上爱不释手，回去就更换了家里使用的餐具。把各自带来的漆器放在一起使用也十分方便，即便是司空见惯的家常菜，使用漆器餐具摆盘，也能显得高端大气。

净法寺漆器的红色套盒（日本漆器），盘身较浅，当作一般碟子使用十分方便。

译注：
1 轮岛漆器：是一款产自石川县轮岛市的漆器。600 年前从现在的和歌山纪州根来寺传至此地，后经改良成为今日的轮岛漆器。
2 净法寺漆器：约起源于 1200 年前（公元 728 年）在净法寺町建立的天台寺，为当时寺内僧侣手工制作的家用餐具。

将断裂的部分用油漆粘好，最后再将融化后的金和黄铜等嵌于碗碟上的金缮[1]修补术，是一项费时、费力的工作。但是，通过金缮修补，可使断裂的瓷器重获新生，化身为世上独一无二的作品。

中意的碗碟与金缮

选择合适的餐具摆盘，才算是做完一道菜

我认为要制作一道完美的菜肴，选择合适的餐具也非常重要。即便是制作一道简单的泡菜，摆放在带高台的彩绘容器内，也能使其成为足以登上大雅之堂的一道珍馐美味。每天晚上制作完菜肴后，为“这道菜摆在哪个盘子里更好”而纠结，对我来说是非常开心的时刻。可能是受我耳濡目染的影响，四岁的儿子也开始有模有样地选起了餐具。他有时候也会帮我做道菜，每次做完后，他都会绕着餐具架看来看去，亲自选择喜欢的餐盘，并将自己做的菜小心翼翼地摆放在餐盘内。

如果喜欢的餐具被摔碎或者缺角，我不会马上将其扔掉，而是试着金缮修补。其实如果只是缺角的话，不修理，直接欣赏它的残缺美亦可，不过每次看到它（缺角的餐具）总会难免心生爱怜。虽然使用金缮修补也不可能完全恢复它们的原貌，但是不可思议的是，修补后的餐具呈现出完全不同的风景。如此，陶瓷艺人制作的完美大作，经过我拙略的金缮修补后，突然变得更接地气，也化身为我家更常用的餐具。

这个绘制着小巧可爱彩绘花纹的陶器，是藤田圭三之作。这种配有高台底托的碟子，用来盛放凉拌菜和醋泡菜等菜肴，即可尽显优雅本色。

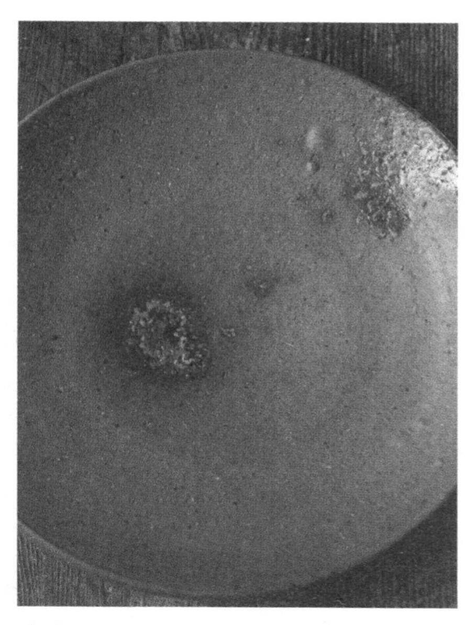

这件别人赠送的、直径有 30 cm 的大盘子，我经常用来装油炸食品、炒菜，甚至还用它装整条鱼，由于它能盛下一整道菜，我家一直把它当宝贝使用。

尽管现在的餐具中，圆形占了绝大多数，但如果有方形和椭圆形等特殊形状的盘子，既能调整餐桌上的整体协调感，也能显现出不同的变化，因此我强烈推荐。

如将黄色以及蓝色、绿色等色泽鲜艳的餐具摆上餐桌，就能立刻提升餐桌的色彩冲击力，提升用餐乐趣。如将辣椒拌油菜花装入黄色盘子中，颜色会非常漂亮。

译注：

1 金缮：是运用纯天然材质修补残缺器物的工艺名称，需要一定的审美修养。金缮源于中国，本质上属修复的范畴。金缮修复有很广的适用范围，用于瓷器和紫砂器居多，除此以外也可以用于竹器、象牙、小件木器、玉器等。

享受光影之美

崇尚光影之美，乃日本人亘古不变的审美

我非常喜欢谷崎润一郎的随笔著作《阴翳礼赞》[1]，反复研读，百读不厌。他在作品中提到，只有阴暗的环境，才能萌发出创作艺术作品的灵感，这是日本人的审美意识所在。影子比光辉更能显现出深邃和独特之美。我认为只有老式的日本住宅，才有如此这般光与影的交织。拥有 90 年房龄的我家，亦如此。

我想保留这种传统的美，所以我家的照明方式仍采用白炽灯泡加上间接照明的方式，导致我儿子晚上不敢一个人上厕所。我父母用惯了荧光灯，到我家来经常抱怨看书时字都看不清楚。而即便如此，我还是觉得在这样昏暗的环境下，非常舒心惬意，身心得到极大的放松，而且睡意也会自然而然地袭来，绝对不会有失眠的现象。另外由于长期处于昏暗的环境中，我们对于外界的光照十分敏感。

比如，满月之夜，一轮明月照至我家，我们便会敏锐地捕捉到光亮，一边喊着“好亮啊”，一边走向后院，眺望星空。没有电视机、音响等声音的打扰，一片宁静的夜空下，能听到的只有家人和狗狗发出的声音。在柔和的灯光映照之下，空气中回荡着家人们的笑声，对我来说，这一刻无比幸福。

我家的照明灯具，几乎全是身为手工抄制纸作家的我先生的作品。白炽灯透过柔和的日本纸，呈现出柔和且温暖的光，给人一种宽松舒适的感觉。

单纯使用顶灯照明，会显得屋内非常昏暗，所以我家在房屋各处也装了几个间接照明灯，便于调整房间的明暗度。

译注：
1《阴翳礼赞》：是日本作家谷崎润一郎创作的随笔，发表于 1933 年底至 1934 年初。打破常规的再认识造就了具有反抗性的主体的重生，使得“阴翳”这一概念有了新的文化内涵。

专栏 2

家中常备的自制调料

使用发酵后的甜酒制成的辣椒酱，辣味适中，儿童也可放心食用。而辣油更是由于添加了大蒜和洋葱等独具香味的调料，即摇身一变，成为“可直接吃的辣油”。

虽然我家一直以食用日餐为主，不过家中常备辣椒酱、豆瓣酱、辣油等中式或者韩式的调味料。有了它们，就能令菜肴口感多元化，也是我家必备之物。虽然制作豆瓣酱必须有蚕豆才可以，但是制作辣椒酱和辣油则不受季节限制，可制作后放于家中常备。

制作辣油，可使用辣味较为温和、颜色偏红的韩国辣椒，搭配大蒜、洋葱、生姜等调料炒香后，加入芝麻油就大功告成。除了搭配饺子之外，还能搭配豆腐和烤鱼等日式菜肴食用，使用方便，应用范围广。

而制作辣椒酱，只需要在自制的甜酒中，加入韩国辣椒和盐充分搅拌，放置几周使其充分发酵即可。在炒菜和火锅中使用能使其味道更醇厚浓郁。冷藏后可保存 3 个月之久。

3章 山田女士的收纳整理术

打扫房间

最适合用来清扫榻榻米的，就是扫帚。使用扫帚能将堆积在榻榻米缝隙之间以及衣橱边缘等部位的灰尘全部扫净，在清除房间死角的灰尘方面，也比吸尘器的清洁效果好。

“立即清扫方式”与“集中清扫方式”

由于我家尽量不把东西摆放在外边，所以清扫的时候也非常轻松。我家很空阔，清扫时只需要拿扫帚快速扫一遍，再用吸尘器吸一遍，基本就大功告成了。卫生间和厨房、浴室、洗手盆等经常沾水的地方，每天使用后，便立刻清扫。比如，烹饪过油炸食品后，马上擦拭煤气灶；清洗完餐具后，多花点时间，连同装碗碟的篮子一起清洗干净；洗完澡后，顺手将浴巾和洗手盆清洗干净等。附着的污垢如不马上清除干净，时间久了，会附着在物品上，那就难以将其去除。但是，附着后不久的污垢则可以短时间内轻松去掉。这样，再次使用时，依旧光洁如新，自己和家人使用时也会心情舒爽。

而对于窗户、换气扇、冰箱等较高的物品，我则采取一次性彻底清洁的“集中清扫方式”处理。不过，若想一次性彻底清扫干净，难免过于辛苦，因此我会规定一下今天只打扫排风扇，或者今天只使用掸子清扫一下高处等。选好具体要清扫的目标，一次性彻底清洁干净。

清扫卫生间，我会在家中常备将丝柏精油和薰衣草精油以及消毒用乙醇混合后的喷雾。只需使用这种喷雾，稍微喷一下，再使用纸巾略加擦拭即可，还具备除臭效果。

对于附着在水槽和毛巾上不容易去除的顽固油污及水垢，我一般使用去污效果强的小苏打清洁。在附着污垢的局部区域沾上小苏打后，使用纤维较细的抹布稍加擦拭即可。

房间拉门的门框、横梁，以及房间照明灯上附着的灰尘，我会定期使用掸子掸干净。我家使用的掸子是用家里穿旧的襦袢[1]（汉服衬衣）和碎布料做的自制产品。

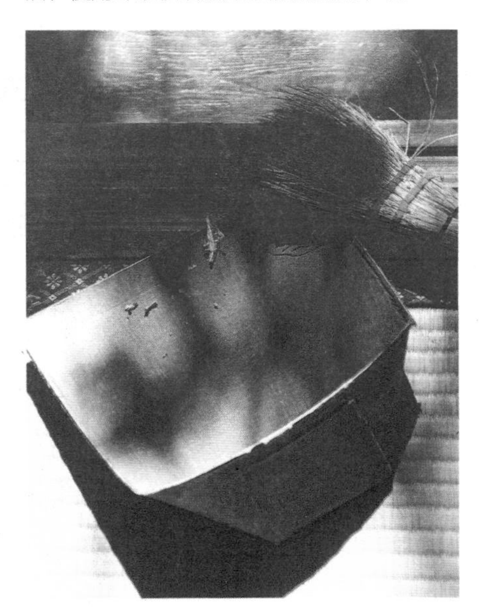

这种小扫帚和簸箕的组合，常用于清洁局部区域。不论是落入我家的枯叶、砂砾，还是细小的纸屑，有了它，都能快速地一扫而净。

译注

1 襦袢：是一种穿在和服内的长衬衣，男女均可穿着。

对付附着于浴室瓷砖上的水垢，均匀地撒上小苏打，然后使用质地较为粗糙的硬树脂海绵刷洗，即可将其彻底去除。如污垢过于顽固，再滴上几滴醋效果更佳。

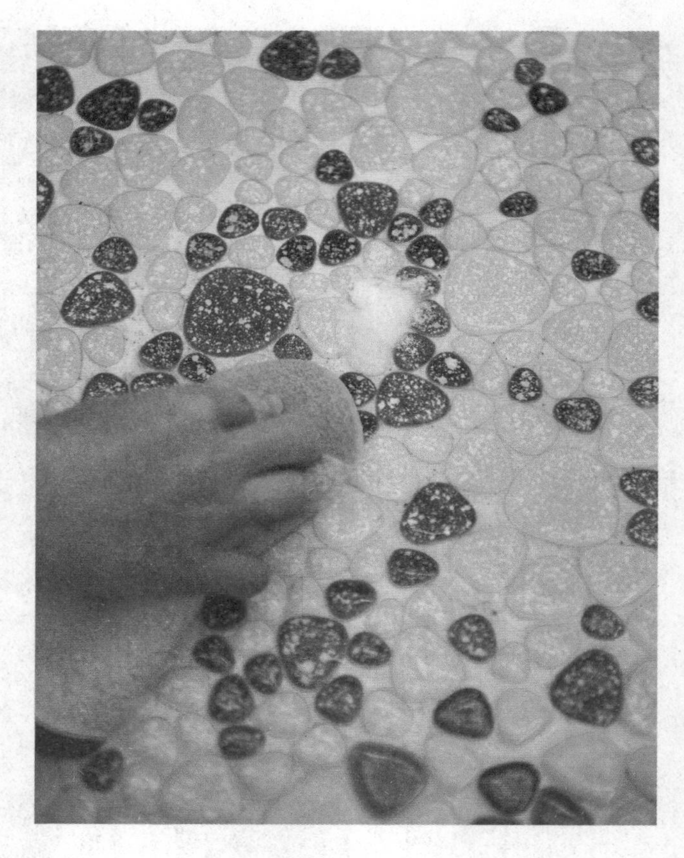

不使用任何清洁剂

不起泡也能将污垢彻底清除

在我家，不论厨房、浴室还是洗脸盆，均不使用任何合成清洗剂。这是因为以前我由于使用合成清洗剂患有严重的手部皮肤疾病，诸如主妇湿疹（手部湿疹），这是生物降解性低的表面活性剂给环境造成了一定负担所致。

特别是我生活的叶山，排水设施不完善，导致生活用水直接流入河流及大海当中。另外按照用途不同，市面所售的清洗剂种类繁多，我在选择的过程中也觉得纠结，于是逐渐不使用这类产品了。不过，我并未因为不使用这类产品而感到任何不便。

只需使用细腻的微纤维百洁布以及炊帚清洁餐具，就能彻底去除附着在上边的油污。而对付附着于排风扇等地方的顽固油污，以及附着于洗手盆和浴巾上的水垢，只需用点小苏打，就能轻松将其擦得亮晶晶。而清洁衣物，我只使用不含表面活性剂的竹炭和水制成的“竹炭洗衣水”加以清洗。

不使用清洗剂的生活，对我来说简直是太舒服了。（这种纯天然）清洗剂，不会给皮肤和环境带来任何负担，而且也不必为存放场所而大费脑筋，还免去了多次跑超市囤货的麻烦，经济实惠。

由于我家不使用任何清洗剂，所以我家的水槽也清清爽爽的。清洗餐具时，只用微纤维百洁布和炊帚清洁就足够了。而针对顽固油污，我则会使用碱性的小苏打进行清洁。

物尽其用，少扔东西

放入南瓜、冬瓜、桃子等的种子各一大勺，随后加入 200 mL 水，中火加热，再用小火将水煮至一半量。这样经过反复过滤，才能百分百吸收其精华。

扔东西前需先自问，这件东西还会不会用到？

我认为，不论是谁在扔掉东西的那一刻，都会心存罪恶感。我想尽可能不扔东西，所以在使用每一件东西时，都会尽量物尽其用。比如，对于一般不能直接食用的蔬菜的种子、皮和菜根，我一般都会将它们晾干后，集中放置于瓶子内。或许你们会笑话我的嗜好太奇怪吧。实际上瓜果类的核仁，经过炖煮，是可以用作茶饮的。

冬瓜和南瓜的瓜籽（种子）在中医学中可入药。茄子和番茄等植物的根茎，经过炖煮，可以制成蔬菜高汤[1]（用蔬菜碎块做成的汤汁）。梅干、枇杷等蔷薇科植物的种子，经过浸泡并加以萃取，即可成为制作杏仁豆腐的原料。如将洋葱的外皮经过炖煮，即可用作促进血液循环的茶饮服用，也可用于清洁用久之后变色的毛巾。咖啡粉还能去除鞋盒的异味、用作保湿剂等。如此可见，这些人们认为是垃圾的食品，居然还有这么大的利用价值呢。服装、器皿也是如此，我想通过修补或改造成其他物品等的方式，给予老物件全新的生命。

我会把蔬菜的种子、皮和菜根清洗干净，放置在阳光下晒一周左右的时间，待其彻底干燥后，放入瓶瓶罐罐中存放。

将彻底风干的咖啡粉放入小碗内，然后将其摆放在鞋架上，即可轻松去除异味。如果把咖啡粉放在纤维较细的长筒袜或者短袜内，然后放在鞋子里使用效果更佳。

用后的咖啡粉，我一般会放在阳光下暴晒 2~3 天，待其彻底干透后再继续使用。而用来盛放咖啡粉的盒子，是我使用传单和报纸制作而成的。

译注：
1 蔬菜高汤：vegetable（野菜）+ broth（高汤），即使用蔬菜皮和瓤等，加水炖煮后制成的高汤。可制成汤汁，或用作炖菜的汤底。

厨房收纳

采用无压力的收纳原则

关于厨房收纳，我一直以“一目了然、取放自如”为基本原则，为所有物品“指定座位”。厨房是我们每天都要使用的区域，最好能不费事、轻松方便地使用它。以我家为例，由于我家厨房要在上课时和学生们共用，所以我特别在意厨房的收纳方式。比如餐具，我会按大、中、小号将餐具分类摆放。调料碗放这处，小碟子放那里，大盘子放那里等。只要规定好摆放位置，取用时只需要一步，就能轻松取出。

只需将较大的餐具竖着摆放，就能做到一目了然、取放自如，并且使用书挡等物品作为隔断。

对于刀叉等餐具，我则会采取在抽屉内放置隔板的方式，来分类管理。小酒盅立起来放在抽屉里，高度刚刚好。

另外考虑到如果将几个碟子摞起来摆放，取最底下的碟子时会很费劲，所以我在厨房的架子上加了一层板，这样就可以放更多的盘子。此外我将家里的大盘子竖着收纳，并且只需使用书挡等物品，即可竖着摆放 2~3 个盘子，确保取用方便。而在处理碗具时，为了使抽屉中的餐具不显得杂乱无章，我根据其具体尺寸使用隔板加以分类收纳，想方设法地使抽屉内的物品一目了然。采用此类方式收纳，漆器和素色餐具便不会与不锈钢的勺子、叉子混在一起，也不会出现磕碰、划伤等现象。而家里存放的大量酒盅，由于杯身比较浅，特别适合放在抽屉里。

而为了使用时没有压迫感，我家的橱柜选择的是相对较矮的那种。选择橱柜时，考虑到如果正面采用透明玻璃设计，能看到架子内摆放的餐具，看上去略显凌乱；而直接采用木门设计，会使厨房看上去有压迫感；而使用古董式磨砂玻璃，既可以巧妙地遮盖柜子内部，还不会在使用过程中有任何的压迫感，选择这种设计真是太正确啦。

红酒收纳盒内，分别放有茶、百洁布和烹饪厨具等物品。

打开抽屉，物品一目了然

由于我家的橱柜较矮，所以我在其下边也腾出了一个收纳区域。只需使用红酒盒就可将茶叶类以及百洁布等物品分门别类地进行收纳。抽出一个箱子后，就能发现茶叶、小茶壶、咖啡豆以及咖啡机等，与茶饮相关的物品摆放得井井有条。

收纳粉末类调味品以及干货，需使用透明的瓶子装好，并在盖子上贴上标签后放入抽屉里。

这橱柜是拍卖会上拍到的，制作于昭和初期的古董橱柜。它采用磨砂玻璃设计，既不会有压迫感，又能巧妙地遮挡住橱柜内的物品。

针对百洁布类的收纳，我则是以便于查找、取用方便为原则，将其折叠成块状后竖向摆放。而粉末类以及干货，就直接放在水槽下方的抽屉里。只需使用能看到内部的透明容器，然后在盖子上贴上名称，拉开抽屉的那一瞬间，便能快速地找到物品的具体摆放位置。我的学生们也如是，使用某个物品时直接拉开抽屉就可立即取用，使用后再放回原处。另外我使用的是塑料盖子，质地轻盈，因此开关抽屉的时候也能保证顺畅。

木质厨具直接摆放在外面，集观赏、收纳于一身

由于我居住的叶山，所处地理位置背山面海，湿度偏高，对于菜板、蒸笼以及餐桌等木质物品，如果放在密闭环境下收纳，会迅速发霉。所以在我家，这类木制品最适宜的收纳方式就是，擦干水分后，放在透气性好的地方摆放收纳。不过随之而来的是，烹饪厨具应该放在哪里，菜板放在哪个位置才能确保其立得稳等，都是需要考虑清楚的。

我家使用的是质地厚重的不锈钢菜板收纳架。有了它，完全不用担心拿取菜板时，会导致其他菜板倾斜或松动。

我的工服是围裙

我的围裙后边采用套头式设计，可前后更换使用。腰部的带子可随意更换系带方式，十分有趣。

这件围裙来自于我朋友设计的品牌“HanaFuu”。看上去略显简洁，但是从口袋以及多个带子的多元化设计来看，这件围裙的细微之处独具匠心。另外它由质地柔软的100%亚麻布制成，极为舒适。

通过佩戴围裙和发带，切换工作模式

我在上课以及做家务时，都会佩戴围裙。设计围裙（全身）的最初目的，就是保护和服，使其不因做家务而被弄脏。在我的孩提时代，我的祖母也是每天在和服外边套上一层围裙度日的。或许你们会认为，这种围裙不就是乡村老太太穿的那种又老又土的东西吗？但是，事实上，没有比这种围裙更好用的东西了。

这种围裙刚好可以将全身牢牢包住，所以有了它，完全不用担心做家务时会弄湿、弄脏衣物。特别的是，这种围裙的袖口部位还采用收口设计，所以水滴绝对不会滴在胳膊上，而且清洗时也不用卷起袖子。还能有效预防烹制油炸食物后在衣服上残留菜味。冬天使用还具有保暖效果呢。另外由于我基本上都是在家里工作（SOHO），对我来说，围裙也是完成从OFF（停止）到ON（开启）模式切换的工服。早上，戴上围裙、系上发带，工作前的准备便轻松完成了。好了，严肃起来，进入工作状态。

我有 4 个发带。我会根据当天穿着的服装和当天的心情选择合适的发带。将头发绑起后使用发带固定，就能打造干净、干练的形象。

我有三件全身围裙，还有三件挂脖围裙。上图左侧的围裙是我从抹布店购买的，名为“没关系”的全身围裙。而右侧这件是“USAATO JAPAN”家的产品。

我家的衣服一般都折叠好后竖着摆放收纳。这样，拉开抽屉时，便能一目了然地看到抽屉深层的所有衣服，而且拿取衣物也比较方便。

我会在收纳衣服的抽屉里，放上包有薰衣草和迷迭香干花的小香包，并在里面滴上几滴尤加利和薄荷油。

由于我家的回廊通风比较好，所以我腌制泡菜或准备其他腌制品时都是在这里做的。即使是寒冷的冬天，在阳光的照射下，这里也会被晒得暖暖的，是一个非常好的工作场所。

关于坐垫，我会在天气晴朗的日子里，放在房檐下晾晒。这样的话，即可连同坐垫内部都能晒透，且能将坐垫晒得暖暖的。晒后，坐垫上还会留有太阳公公照射后的余香。

专栏 3

选择纯天然的木质和纸质玩具

我家给孩子准备的都是使用木质或者纸质等天然原料制成的玩具。图中的消防车、蒸汽机车等，都是我先生在纸箱上贴上和纸（日本纸），加以剪裁后制作而成的。

对于因亲朋馈赠而数量激增的玩具，我也为它们制定了规矩。我尽量不给孩子玩以人物为主题的玩具、塑料玩具以及会发出机械声音的玩具。取而代之的是木质、纸质等纯天然原材料制成的玩具。儿子玩烹饪游戏时，我不会给他买塑料玩具，而是让他玩旧的厨具。儿子特别喜欢消防车、新干线等交通工具（汽车类玩具），我先生便动手为他做了小纸车，结果做出的成品效果非常好，获得了儿子和他的同学的高度好评。他也很爱惜这个独一无二的玩具，已经拿着玩了3年多，依旧爱不释手，小纸车也完好如初。

为了教会儿子自己收拾好玩完的玩具，我特意为他准备了一个比较大的收纳箱。最近他和朋友们一起玩玩具后，也会跟他的朋友们说“请将玩具放回到这里哦”。

4章 调节体质

食用发酵食品

我儿子特别喜欢吃米糠酱黄瓜、胡萝卜、山藠，而且牛油果、新土豆、蘑菇、苹果等也可以做成米糠酱菜哟。

发酵食品是保障家人健康必不可少之物

我家餐桌上必不可少的就是发酵食品。我最早制作的就是米糠酱菜。当我还居住在东京都的时候，我就已经开始租用小区居民的土地种植蔬菜了，而且收获颇丰，那么多出来的蔬菜吃不完怎么办呢？经过深思熟虑之后，我最终决定做一下祖母一直腌制的米糠酱菜。直至今日，我已经做了十六七年了。刚开始制作时也经历了多次失败，最终制成了能称得上是“我家特色风味”的独特米糠酱菜。

随后，我便开始乐此不疲地挑战制作味噌酱菜、酱油酱菜、味醂酱菜、泽庵[1]酱菜、腌白菜、芜菁寿司、拌蛇形黄瓜、盐曲等酱菜。我先生在不断的摸索下，终于也能制作出品质稳定的纳豆了。

发酵食品中富含的植物性乳酸菌，最能有效调整肠道环境，多亏了它，我的家人们从未被便秘困扰过。另外，我家人的免疫力也得到显著提升，几 乎不会患感冒等疾病。发酵食品真的是保障家人健康必不可少的食品。

这是我家使用了十六七年的糠桶，刚开始尝试制作时也曾经失败过，但是随着后来一点点增加制作量，制作出的酱菜口味也更加浓郁。这个由 100 年树龄的吉野杉树制成的泡菜桶能用上百年。

我先生挑战制作纳豆，经过反复尝试，他终于找到了轻松制作出好吃的纳豆的方法。最近，他还把黄豆和田里的高粱秆混在一起制作纳豆。

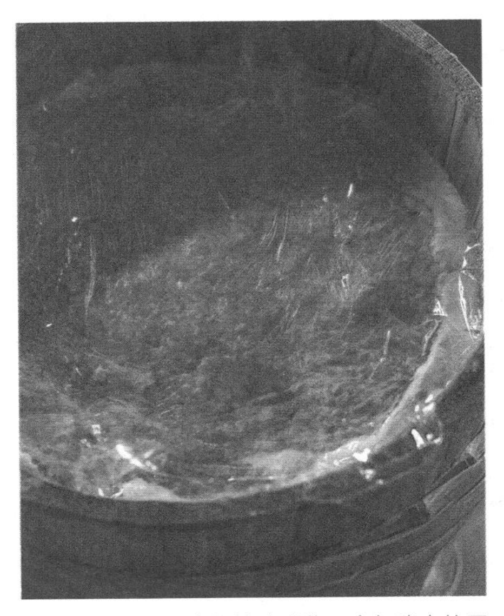

上图为刚腌泡没多久的味噌酱。今年我家使用麦曲和杂粮曲混合，制作了 26 kg 的味噌酱。放置一年后，就能食用。

使用盐曲和酱油曲浸泡后的食材，口感绵软，是能够令口感倍增的万能调料。制作时只需多做一点，便能用上 5 年之久。

译注：
1 泽庵：黄萝卜采用米糠等腌制制成，即中国福建等地的“黄土萝卜”。在明朝时期日本泽庵法师来中国修习佛法，回日本时把中国福建的黄土萝卜带到了日本，日本为了纪念他就把这种萝卜叫作“泽庵”。

纯植物沐浴液

经过风干的干燥植物，用手稍加碾压，即可成为粉末状。把这些粉末装在类似水槽网那样的网眼细密的袋子或者漂白布内，并将其放入浴盆里，再注入温水，即可有效萃取植物之中的提取物。

运用植物之力，消除一天的疲劳

由于植物具有多种药效，因此我不仅靠食用摄取其精华，还将其当作沐浴液长期使用。比如风干后的萝卜叶，能够从身体内部祛风散寒，有效促进血液循环，同时还具有帮助体内排出毒素废物的功效。自古以来，这种将干萝卜叶煎煮后制成的“干叶汤”就被当作民间疗法广泛应用。另外，古人也经常使用风干后的艾叶，它能够促进身体内部的血液循环，还具有调节女性体质的功效。而柚子和橙子等柑橘类植物的皮中，含有被称为柠檬萜的、具有促进血液循环作用的精油成分，并且它散发出的独特清爽香气，具有出众的舒缓效果。除此之外，我在泡澡时，将后院里的枇杷叶和野姜叶，以及修剪枝叶时剪掉的丝柏叶和松叶等植物叶子扔在澡盆里，光是看着，心情就倍感愉悦。

这种纯植物沐浴液，使用时散发出柔和的自然香气，用后身心舒适，特别是在严寒之时，或是在站立工作一整天的日子里，使用后，会感觉它的润泽与滋养能渗透至身体内部。如多泡一段时间，将植物的精华毫无保留地吸收，可使一整天的疲惫感飞至九霄云外。

我常用的有萝卜叶、艾蒿叶，以及柑橘柚子的皮。将其放置阴凉通风处风干 2~3 周后，作为沐浴液使用。如在澡盆内加上以风干后的叶子稍加炖煮后提取的萃取液，则效果更加显著。

常备草药

儿子患黄水疮时，我把黄柏粉和白芝麻油充分混合凝练后制成的油，涂于患处，并使用纱布加以固定。每天坚持涂 2~3 次，一周左右便痊愈了。

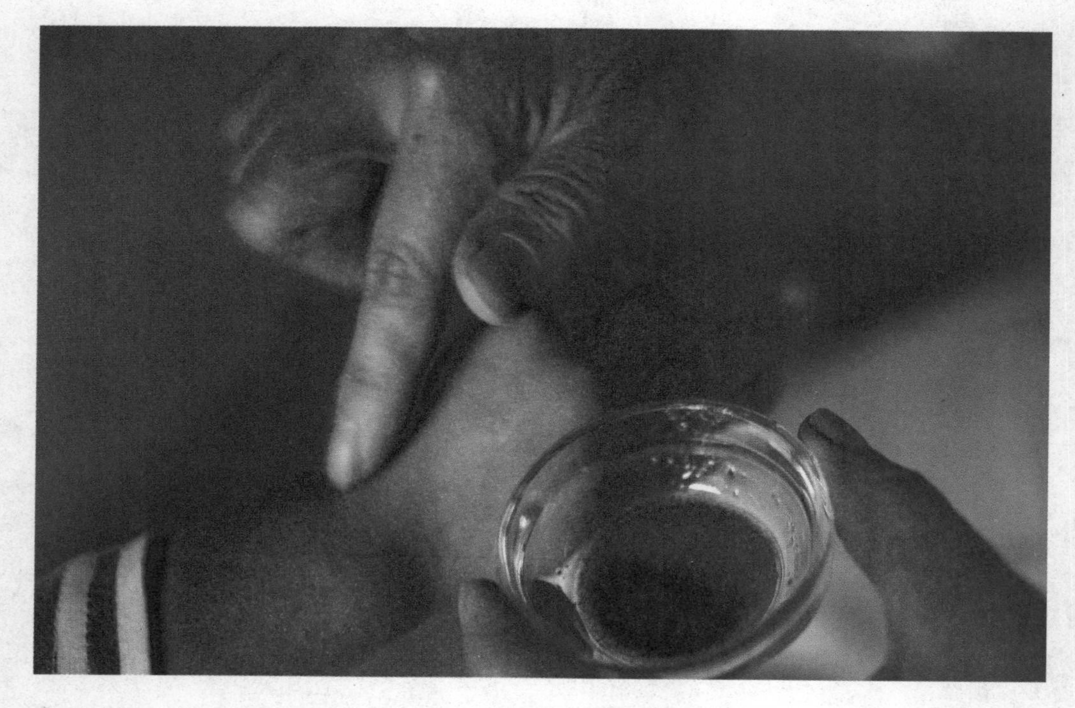

借助自然力量，医治家人疾病

虽然我的专业是通过制作药膳的方式医治疾病，但是不单纯在饮食方面，医治日常生活中患病的家人时，我也会更多地选择自然方式。比如，喉咙痛时，我就会使用“枇杷叶萃取物”漱口。由于制作枇杷叶萃取物时，使用烧酒浸泡，具有高度的杀菌、消炎作用，使用时，取 3 倍左右的白开水加以稀释后，用来漱口，则可一定程度上抑制病症。

去年，儿子患黄水疮时，多亏了黄柏粉。中药学中有一味名叫黄柏粉的中药，我将它和白芝麻油充分混合凝练后制成的油，涂于患处，并使用纱布固定，没去医院一周左右便痊愈了。我家的常备药中，还有一种把蜈蚣放到烧酒中制成的蜈蚣萃取物。这种萃取物虽然看上去挺恐怖的，但是它对于治疗蜜蜂、蜈蚣、蚊子等蚊虫叮咬，效果出奇得好。说起来，这个萃取物的配方，还是我刚搬到叶山时，当地居民告诉我的呢，可见，先人的智慧的确不容小觑。

红花与陈皮均为中草药。由于红花具有促进血液循环之功效，所以我每天都会用白开水泡点红花喝。而由于陈皮具有健胃等效果，我也会用它泡茶或者烹饪菜肴。

这是我家常备的驱虫以及治疗蚊虫叮咬的药，是一款用水稀释丝柏油后做成的喷雾，使用了蕺草叶浸泡烧酒后制作的萃取物，以及蜈蚣浸泡烧酒后制作的萃取物等。

我一般在出现咽喉疼痛、痰多咳嗽、口腔溃疡等症状时，使用金桔泡蜂蜜、枇杷叶萃取物等中药含服治疗。

黄柏，是具有抗菌、消炎、健胃功效的中草药。只需与少量牛油树脂混合，就能立刻化身为外用药，可直接涂抹于伤口上。

枇杷叶萃取物

用后院中的枇杷叶，制作家中常备万能药

枇杷叶提取物可用于治疗咽喉疼痛、口腔炎症、牙痛、蚊虫叮咬、晒后修复、肌肤粗糙等症状。人们普遍认为，如使用“大寒”之日采摘的枇杷叶制作萃取物，则疗效更高。所以，我在每年的这一天里，都会大量采摘枇杷叶，制作一整年的萃取物。特别推荐各位使用树龄超过 3 年的枇杷叶制作，基本上可以长久保存。

【材料】

枇杷叶 50 g，烧酒（只要是烧酒即可）500 mL，存储瓶

1. 使用炊帚将枇杷叶洗净，放在阳光下晾晒 1~2 天。

2. 为了能充分提取其中的萃取物，用剪刀将枇杷叶剪成 7~8 mm 宽。

3. 将枇杷叶塞入存储瓶中。

4. 缓慢倒入烧酒，盖上盖子，常温保存。存放 3 个月后即可使用。待萃取物提取彻底后，取出叶子更易存储。

梅肉萃取物

用后院的青梅，制作治疗痢疾及腹痛的特效药

在儿子刚一岁半时，拉肚子症状一直不见好转，我就让他每天喝上一口梅肉萃取物，很快他就康复了。

虽然梅子酸味强烈，但是孩子身体需要时，也是可以食用的。使用大量青梅，只能做出那么一点点萃取物，但是它对我们来说是胃肠道的保护神，不可或缺，因此我家每年都会多做一些备用。

【材料】

青梅 10 颗，存储瓶

1. 将青梅洗净后拭干水分，研磨成泥。

2. 用纱布将研磨后的青梅泥拧干后，放入锅内提取其萃取物。

3. 以中火加热，煮沸后转小火慢炖，并随时用木勺子加以搅拌，直至锅内提取物呈深褐色，待表面有光泽后，就大功告成。待其降至常温后，放入存储瓶内即可长久保存。

我的美容秘诀

这是一套使用有机植物制作、不添加任何化学成分的基础护肤品品牌“Lar neo natural”系列，我使用的所有产品均来自“neo natural”旗下。

如今 40 岁的肌肤，比 20 岁时还好

这样说似乎有点大言不惭，我每天几乎都是素面朝天地度日。不论上课、接受采访，还是在东京外出时均如此。早上简单拍点化妆水、精华液，再涂点防晒霜，简单画一下眉毛，化妆完毕。所以我梳洗打扮使用的时间基本和我先生差不多，3 分钟搞定。晚间洁面也不需要涂抹卸妆液，只需使用香皂简单洗几下就行。睡前我尽量不涂抹任何多余护肤品，只拍一点化妆水。

实话说，决定告别粉饼，的确需要勇气。不过，如果一天到晚使用添加了大量化学物质的化妆品，等感觉到皮肤不适时，肌肤已无法回到原有的状态。不过下决心告别粉饼后，我便开始把原来使用的化妆水、精华液等基础护肤品，全部替换成纯天然品牌。多亏了它，我现在的肌肤状态比 20 岁时还好，我更喜欢现在的肌肤状态，肌肤完全不会出现长痘、干燥等问题。

我 20 岁时，经常为肌肤出现的痘痘、出油，以及干燥等问题而烦恼不已。而现在，就是素面朝天也没事。

我的健康疗法

治疗便秘、痢疾，促进肠道蠕动

我自己虽然一直都与便秘和痢疾无缘，但需要促进肠道蠕动的各位，你们则需要想办法使肠道内的益生菌发挥作用。基本的方法就是每天摄取促使益生菌发挥作用的“诱饵”，即膳食纤维以及发酵食品。

建议使用苹果治疗便秘和痢疾，将1/4或1/2的苹果磨成泥后食用。

另外还有一个传统治疗便秘的方法，那就是早晨起床后喝一杯淡盐水。人们普遍认为，盐中富含的钠、镁、钾等矿物质，能够刺激肠道壁，提升其活性。对于便秘和痢疾都有效的，就是苹果泥。由于苹果中富含的水溶性膳食纤维果胶能增加肠道内的益生菌，从而促使肠道活动趋于正常，而且这种果胶大量存在于果皮中，所以请选择您吃着放心的苹果，连皮一起打磨成泥。

可入药的枸杞子口感香甜。既可以装点果冻等甜点，也可以和水果搭配食用。

眼部疲劳

长时间面对电脑工作，或一直盯着手机的小屏幕看，会使眼睛疲惫不堪。这时候，需要吃点枸杞子。枸杞子作为可入药的一种食材，小身材大作用。中医学称，目通肝，而枸杞子具有补肝保肝之功效。中医学中，枸杞子也常用于医治视力减退、视疲劳、流泪等症状。另外枸杞子口感酸甜，可直接食用，因此可长期储备于家中。

压力

不论是工作还是生活，不如意事十之八九，此时难免心情烦躁、闷闷不乐。而人感到有压力时，其实就是体内的“气”（周而复始地在体内循环，类似于身体能源的物质）处于阻塞的状态。正如“拘束”“郁闷”等词所示，心情的好坏，也决定了体内“气”的流通是否顺畅。如果想要自己保持心情舒畅，从而促进体内“气”的顺畅流通，请喝上一杯茉莉花茶吧。茉莉花茶具有的独特清香，可舒缓疲惫的身心，也具有镇定安神之功效。另外橘子和柚子等柑橘类食物的清香，也同样具有促进体内气流畅通的功效。

肩部肌肉僵硬

肩部肌肉僵硬，是由于肌肉紧张，导致固化的状态。长期伏案工作以及长期在厨房站着工作，身体会在不经意间向前弯曲，加重肩部负担，使肩部肌肉更频繁地收缩。

我个人平时几乎感觉不到任何身体不适的症状，但肩部肌肉僵硬却是我的老毛病。我也一直采取对策，改善肩部僵硬症状。预防肩部僵硬，重要的是在日常生活中多注意控制身体，不要前倾。而对于已经僵硬的肩部肌肉，只能采取局部加温，从而促进血液循环，舒缓肩部肌肉的方式治疗。泡澡时充分浸泡肩部，然后再使用细颗粒的盐加以按摩的方法也能轻松改善血液循环。

感觉心情烦躁时，就喝一杯暖暖的茉莉花茶。深吸一口气，将甘甜清爽的香气吸入体内。

使用艾叶按摩，或是将艾叶放入澡盆内泡澡，能有效促进血液循环，缓解肌肉紧张。

沐浴时，把艾叶当作沐浴液使用，更能有效提升疗效。泡澡时可使用鲜艾叶，也可使用干艾叶。把一撮晒干的艾叶放入袋子内，直接扔到浴缸里。烧水前先把艾叶包放入澡盆内，再烧水洗澡的话效果更佳。使用艾草包直接按摩肩部也能促进血液循环。

感冒

我家人绝不会让感冒恶化到需要卧床休息才能康复的地步。身体刚出现感冒的症状（比如咽喉疼痛、鼻塞流涕）时，我就会采取对策。

先喝一碗味噌酱葱丝汤。取葱白部分切成 10 cm 左右的小块，再放入一小勺味噌酱，最后加入热水。身体打寒战时趁热喝掉，暖心暖胃，有了它，基本上感冒还没严重到发烧阶段就已经被扼杀在摇篮里了。

大葱具有的精油成分能刺激汗腺，促使身体发汗，也具有退热的功效。不过这种味噌酱汤只在感冒症状刚出现时有效。如已经发烧，就需使用圆白菜和生菜叶敷在头上以去高热。而喉咙疼痛时，使用枇杷叶萃取物漱口即可。鼻塞流涕时，建议使用温水加 0.9% 的盐水稀释后制成的食盐水，从鼻孔处吸入，起到清洁鼻腔的作用。

将葱切成小段，加上味噌酱，再注入热水，充分混合后，即可做成一道温暖、治感冒的味噌汤。

寒症（体寒）

将生姜连带纤维切成薄片，蒸煮 30 分钟，放在阳光下晾晒后制成的干姜，也是中医学中的一味草药。

曾几何时，我的寒症严重到在夏天不穿袜子都无法入睡的程度，而现在通过调理我的体质已经恢复到光脚都能过冬。而我一直把生姜当作治疗寒症的最佳法宝。生姜的主要成分为姜辣素和姜烯酚，这两种成分虽然都具有温暖身体的功效，但具体功用却略有不同。

生姜中富含的姜辣素成分，具有扩张血管的作用，能温暖包含手指尖等在内的神经末梢。不过，如果将血液输送至神经末梢，反而会降低身体的深部体温（内脏温度）。另外，众所周知，姜烯酚还具有促进全身血液循环、从内而外温暖身体的效果。将生姜加热后再风干，可使生姜中原有的姜辣素成分部分转化成姜烯酚。

所以，治疗寒症，请服用加热后或者风干的姜吧。建议将生姜带皮切成薄片，蒸煮后放在阳光下晒干后服用。这种姜名为“干姜”，也是一味中草药。我会将干姜煎后泡茶喝，或者把它放在粥里食用。干姜不像生姜那么辛辣，口感柔和，但是，一入口中，感觉身体立刻变得暖暖的。

痛经、月经不调

我的寒症严重时，也经常为痛经与月经不调等问题烦恼不已。我认为这些症状是因为体质虚寒所致。为了温暖身体、促进子宫内血液循环，我便开始借助韭菜的功效。将韭菜切碎，洒上几滴酱油，然后倒入热水做成韭菜汤，或是将韭菜放在粥内喝掉，轻松吸收。

食用切碎的韭菜、酱油，加热水制作成的汤，能够有效缓解痛经症状。

把 30 g 赤小豆放入 400 mL 水中，煮至汤汁收至原来的一半量后，取其汤汁，每天饮用数次。

浮肿

长期生活在湿度大的气候环境下，绝大多数日本人，都存在体内堆积多余湿气，导致浮肿的症状。而帮助人体排出体内湿气的代表性食材就是赤小豆。它富含的皂草苷成分，具有超高的利尿作用，能够将体内多余的水分转化成尿液排出体外。很久以前，日本的先人就有每月 15 日饮用“红豆粥”，以排出体内多余水分的习俗。而还有一个更简单且有效的办法，就是直接把赤小豆煮水喝，煮后的赤小豆也可拿来做其他的菜肴。

食欲不振

餐后胃部胀满、胃功能弱化无法食用过多食物、没有食欲等症状，是因为胃动力不足，导致摄入的食物无法正常消化。首先要做到的是多咀嚼，促进唾液分泌。唾液分泌后，胃也会反射性地分泌胃液，即可达到提高消化能力的目的。

与此同时，还需要摄取消化酵素含量丰富的食物。萝卜、掌叶蜂斗菜（山蕗）、山药、芋头当中都富含一种叫淀粉酶的消化酵素，它能够帮助碳水化合物快速分解。

特别是山药，风干后的山药也是一味中草药，具有滋阴进补之功效，常用于治疗食欲不振、糖尿病等症状。在麦饭中加入山药泥而制作成的山药汁麦饭，特别适合夏日体虚、食欲不振时食用。将山药泥和味噌酱高汤调配成汤汁，一饮而尽直达胃部。

由于淀粉酶遇热容易流失，所以最有效的方法是生吃山药，并且建议直接将山药研磨成泥后食用。

把洋葱切成薄片或切碎后，取少量摆在小碟子里，置于枕边即可。

失眠

神经过于兴奋无法入睡时，或者睡眠质量较差时，请在枕边放点洋葱吧。这是自古以来从海外传来的疗法。

能够提升睡眠质量的，是洋葱中具有刺激性气味和辣味的核心成分——烯丙基化硫。而这一成分，能促进舒缓脑部神经的 α 波的分泌，而且还能缓解压力、镇定兴奋的神经，从而起到助眠效果。为了使洋葱彻底地释放气味，可以将它切成薄片或切碎。但是，需要注意的是，如果枕边放太多洋葱，反而会过分刺激脑神经，过犹不及。

5章 舌尖上的12个月

4月

清煮山蕗 / 腌泡山葥菜

春之清新扑面来，色香佳肴桌上摆

春暖花开之际，野山蕗（掌叶蜂斗菜）茁壮成长。采摘后立刻做前期处理。撒上盐，放在菜板上做去生处理，然后放入热水里简单焯水去筋即可。可能有人觉得给蔬菜去筋太麻烦，不过我最喜欢给蔬菜去筋了，那种一下子去掉筋的感觉真的很爽！

随后只需用色泽新鲜的山蕗清炖，即可做成芝麻拌菜、木须汤、山蕗米饭等，应用范围广。下图是我用清爽新鲜的山蕗制作的芥末泡菜。我使用的芥末产自静冈县，由于我老家也在静冈县，在我的孩提时代，我家餐桌上经常摆上用芥末制作的泡菜。这种芥末的味道，对我而言，也是儿时的记忆之一。

使用较淡的高汤浸泡，制作的清煮山蕗应用范围广，我一直非常喜欢。

芥末泡菜既适合直接拌饭吃，也适合搭配生鱼片等食用，更适合当作下酒菜。

清煮山蕗

【材料】

山蕗根茎 10 根，盐 1/4 小勺，高汤 没过山蕗即可

1. 切掉山蕗的叶子（其叶子可以用来炒菜以及制作炖菜）。切成适合放入锅内的长度，并撒上少许食盐（菜谱定量外）入味。

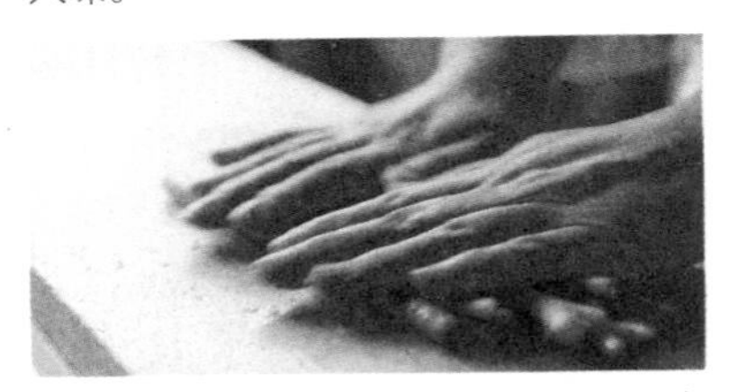

2. 把处理好的山蕗放在菜板上滚动，直至表面溢出灰汁（白沫）。

3. 锅内水开后，按照由粗到细的顺序，放入山蕗，焯水 1 分钟之后，泡在凉水中冷却。

4. 待山蕗凉透后，去筋，为了确保其不会因为去除涩味而变色，需立即放入水中浸泡。

5. 把山蕗切成 4 cm 长的小段，为确保其均匀受热，要将其摆在方形平底盘内。

6. 在盘内注入没过山蕗的高汤，再撒上少许盐后开火加热，待煮沸后关火，连平底盘一起放在凉水里晾凉。放在冰箱内，可储藏 1~2 周。

腌泡山蓊菜

【材料】（便于制作量）

山蓊菜 50 g，盐 少许，调料 A（酒糟 50 g，酒 1 小勺，味醂 1 小勺，盐少许）

1. 将山蓊菜切碎，撒盐后简单入味，放入存储容器内，盖上盖子，静置 30 分钟左右直至山蓊菜出辣味。

2. 将步骤 1 食材与调料 A 充分混合搅拌，常温浸泡 3 天以上。可放入冰箱内存储 1 个月左右。

5月

日式笋干 / 豆瓣酱

巧用时令野鲜蔬，山林恩泽揽怀中

各位知道豆瓣酱是用蚕豆制成的吗？虽然蚕豆并非时令蔬菜，一年四季均可吃到，但是制作豆瓣酱的话，则需要赶在蚕豆当令之时。由于制作需发酵，所以成熟的豆瓣酱可以长期存放。刚开始成功制作出豆瓣酱时，真把我感动坏了。明明放了大量的辣椒，做出的豆瓣酱居然有点发甜，比市面上出售的还好吃。

这一时期，还能从后山挖出大量的竹笋。这些竹笋可用来制作竹笋土佐煮[1]、凉拌菜，并与米饭搭配食用。竹笋太多实在吃不完的时候，我就用多余的竹笋，制作日式笋干。加以辛辣调味料调味的笋干，只需要再加点酱油，即可摇身一变成为下饭佳肴。

竹笋性寒，具有清热润燥之功效，因此可与其他佐料相辅相成。

除了制作麻婆豆腐，豆瓣酱还可放在炒菜中调味，可使菜肴香味更上一层楼。

译注：

1 土佐煮：是日本料理中炖煮料理的一种，是用土佐（现高知县）特产——鲣鱼丝和蔬菜等加酱油炖煮的料理。

日式笋干

【材料】（便于制作量）

水煮竹笋 150 g，大蒜 1 瓣，生姜 1 块，大葱 5 cm 长，红辣椒 1 根，芝麻油 1 大勺，调料 A（酱油 2.5 大勺，味醂 2 大勺，酒 2 大勺，醋 2 大勺）

1. 将煮好的竹笋切成 5 mm 厚。

2. 胡萝卜、生姜、大葱切碎，红辣椒去籽切成圆片。

3. 锅内放入芝麻油，再放入竹笋和步骤 2 的食材炒香。随后加入调料 A，炖煮至汤汁浓稠即可。此菜肴可在冰箱内存放两周左右。

豆瓣酱

【材料】（便于制作量）

蚕豆（去豆萁）200 g，韩式辣椒酱（粉末）30 g，盐 40 g，米曲 30 g，与蚕豆同等重量的重物

1. 蚕豆蒸煮至柔软（约蒸煮 15 分钟左右），去掉薄皮。

2. 用蒜臼将蚕豆碾碎（也可使用破壁机碾碎）。

3. 在步骤 2 食材中放入辣椒粉、盐、米曲后，细细研磨。

4. 待食材充分混合后，装入存储容器内，盖上保鲜膜，压上重物后，静置半年以上。

6月

梅子酒 / 梅干 / 梅子糖浆 / 梅子味噌 / 腌花椒 / 花椒拌小银鱼

梅雨季节抢工忙，全熟梅子腌成酱

后院的梅子才刚开始变色，我便开始迫不及待、跃跃欲试了。心想：差不多熟了吧，应该可以了吧，每天都坐立不安、焦躁地等待着梅子成熟。梅干、梅酒、梅子糖浆、梅子味噌酱等，这个时节光处理梅子，就已忙得不可开交。另外梅子成熟期非常短，所以趁着梅子刚好处于成熟阶段，我就筹划着把它们一股脑摘走，拿来做各种好吃的。是的，我制作的梅子食物基本上用的都是完全成熟的梅子。一般情况下，除了梅干之外，其他的梅子食物，应该都是用青梅制作，但熟透的梅子更香，制成的食物味道也更甘甜浓郁。此外我制作的腌制食品都会放置一年后再食用。

制作时主要使用我家后院的梅子，不够的话再去邻居家要点梅子腌制。图片从左至右分别为梅干、梅酒、梅子糖浆、梅子味噌酱。

梅子酒

【材料】（便于制作量）

熟透的梅子 500 g，黑糖 200 g，黑糖烧酒 900 mL，存储容器（2L）

* 使用黑糖和黑糖烧酒制作，可使口感更香醇，但如果没有，使用其他砂糖和烧酒亦可。

1. 准备好熟透的梅子、黑糖、黑糖烧酒等食材。并准备好能存放 2L 酒的容器。

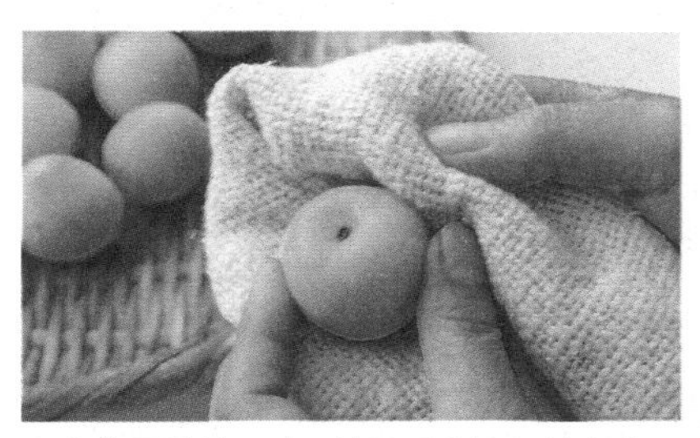

2. 将梅子清洗干净，并用毛巾擦干其水分。

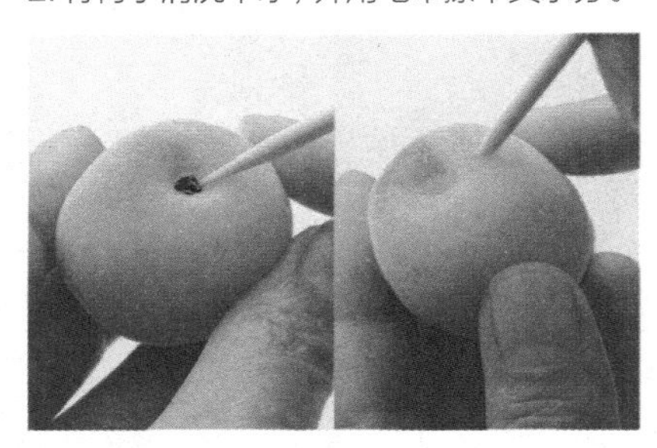

3. 用牙签去除梅子的根，并在梅子表面戳上多个小孔。

4. 按照砂糖→梅子→砂糖的顺序，交替放入容器内。

5. 将烧酒缓慢地倒入瓶内，并确保瓶内不掺杂空气。

6. 盖上盖子，放在阴凉处保存，期间时不时地摇晃瓶身，确保砂糖分布均匀。

7. 放置半年后即可饮用（饮用时，也可在酒杯里放入梅子）。虽然浸泡半年即可饮用，但是存放一年的话口感则更为甘醇。饮用时，也可在杯内放入梅子，尝梅子、品梅酒。

找个天气好的日子晒梅子

我的祖母是晒梅子名人，她 90 岁仙逝后，留下了很多用于晒梅干的壶。于是，我的母亲和我传承了她的手艺，每年都腌制很多梅子。计划阴历六月腌制的梅子，需在入伏前后（立秋前的 18 天内）选出 3 天，将梅子放于阳光下晾晒。太阳公公的力量真伟大，能把食物晒干，同时还能将香味浓缩，而且绝对不会发霉。我喜欢从祖母处继承的制作软梅干的手艺，所以入伏前把梅子晒干后，再放回瓶子内，反吸收水分。不可思议的是，如果在身体不适的状态下腌制，腌出的梅子更容易发霉。所以腌梅子之前要先调整好身体状态哦。

梅雨季节过后，我会选连续3天晴空万里的日子晒梅干。每天给梅子翻一次面，夜里拿回屋内。梅子晒干后，我会将梅子放入装有梅子醋的容器内保存。梅子醋和红紫苏叶也一起放在阳光下暴晒杀菌。

梅干

【材料】（便于制作量）

熟透的梅子 1 kg，海盐（大粒盐）120 g，重物 1 kg，存储容器 4 L

1. 将梅子洗净，用毛巾或厨房纸吸干水分，用竹签挖掉梅子根部。

2. 按照盐→梅子→盐的顺序，把食材交叠着放入瓶内。瓶子上方多放一点盐，最后用盐盖住梅子。

3. 在上边压上重物后，盖上瓶盖。过 2~3 天，待梅子溢出水分（梅醋）后，于清凉通风处存放。

4. 如需腌制红梅干，可取适量红紫苏叶，清洗后，放在笊篱上沥干水分备用。

* 如不放入紫苏，则腌制出的梅干呈白色。

【制作红梅干的材料】

红紫苏叶 200 g（占梅子重量的 20%），海盐（大粒盐）40 g（占红紫苏叶重量的 20%），白梅子醋（利用腌梅子后从梅子中析出的水分）3 大勺

5. 碗内放入相当于红紫苏叶子一半量的盐，充分入味。待其析出白沫后，使劲拧紫苏叶，然后倒掉白沫汤。此步骤需重复两次。

6. 把用盐腌渍的梅子从瓶中取出，放入步骤 5 的碗内，使其与红紫苏叶充分融合。

7. 继续搅拌直至析出红色汤汁为止。

8. 在腌制后的梅子上，放上红紫苏叶，再倒入红色汤汁，再压上足够令紫苏与梅子结合的重物，一直存储至入伏之前即可。

* 晾晒后的红紫苏，用手按压，再切碎，即可制成红紫苏粉。

严选食材，制作熟透梅子酱

我制作的“梅子饮品”不使用白砂糖，甜度适中。一般制作梅酒和梅子糖浆时，大多使用烧酒（老白干）和冰糖，而偏爱浓口酒的我，制作梅酒时使用熟透的梅子，加上黑糖和蔗糖以及黑糖烧酒组合制成。因此我做出的梅酒也好，梅子糖浆也罢，和洋酒一样，存放时间越长，味道越发醇厚，好喝到足以让所有喝过的人都惊讶。

而梅子味噌，则是使用熟透的梅子和蔗糖腌制而成的私房味噌酱。这种味噌酱，可蘸着夏季蔬菜串吃，也可当作挂面和火锅的蘸料吃，还可以当作调料，放入炒菜、拌菜中调味，用法多样。

我家腌制糖浆时不会取出梅子，在常温环境下可直接存放1年。其具备的浓郁口感可令饮用者惊叹不已。连梅果也可直接吃掉，味道香甜。

梅子糖浆

【材料】（便于制作量）

熟透的梅子 500 g，蔗糖 400 g，存储容器（2L）

1. 将梅子洗净，用毛巾或厨房纸吸干水分，使用竹签把梅子的根部挖掉，并在梅子表面戳多个小孔（便于入味）。

2. 按照糖→梅子→糖的顺序，把食材交叠着放入瓶内，最上面一层放糖。

3. 盖上盖子，常温保存。存放 3~4 天后，梅子开始一点点渗出果汁，放置 1 个月后即可饮用，但建议腌泡 1 年后再饮用。

* 需取出果实，只将果汁放入冰箱存放。

梅子味噌

【材料】熟透的梅子 250 g，味噌酱 250 g，蔗糖 125 g(可根据个人喜好调整用量)，存储容器（1L）

1. 将梅子洗净，用毛巾或厨房纸吸干水分，使用竹签把梅子的根部挖掉。

2. 按照味噌酱→梅子→糖的顺序，把食材交叠着放入瓶内，最上面一层放味噌酱。

3. 放置 2~3 天后，梅子就会有水分溢出。为确保所有食材充分融合，需时不时地摇晃瓶身。

4. 放置 2~3 个月，待梅子变黑，取出梅子(也可不取出梅子），再搅拌即可。取出后的梅子可去核切碎，放在饮料和拌菜里。

湿潮的梅雨天气来点花椒祛除湿气

我家后院里可以采摘花椒叶，但是摘不到花椒的果实，所以我会算好合适的时机去后山转一圈。即便如此，我也只能摘到一点点，先拿来做点花椒小银鱼吧。我个人非常喜欢京都东云[1]品牌的花椒小银鱼，由于路途较远不方便购买，所以便开始自制。而腌花椒，作为提升口感的调料，可广泛用于烹饪各类菜肴。虽然稍加炖煮，也无法去掉花椒那种入口酥麻的感觉，但如果只用盐腌泡，花椒的辣味则摇身一变，口感变得更加柔和，堪称“时间的魔法”。此外多亏了这种辣味，花椒的保质期极长。略加焯水后的花椒，放入冰箱内冷冻，可放在米糠桶里，起到杀菌、增香的作用。

用盐腌泡后的花椒除了能用来做饭团外，还能搭配鱼和肉，烹制一种叫作“有马煮”的甜辣口味炖菜。

只需在烹熟的米饭上，撒点花椒小银鱼，足矣！

译注：
[1] **东云**：总店在京都市北区北山，专门以卖小银鱼为主的店铺。
主页：http://www.ojyako.jp/

腌花椒

【材料】花椒…3 大勺，盐…为花椒用量的 10%

1. 将花椒从树枝上摘下洗净。

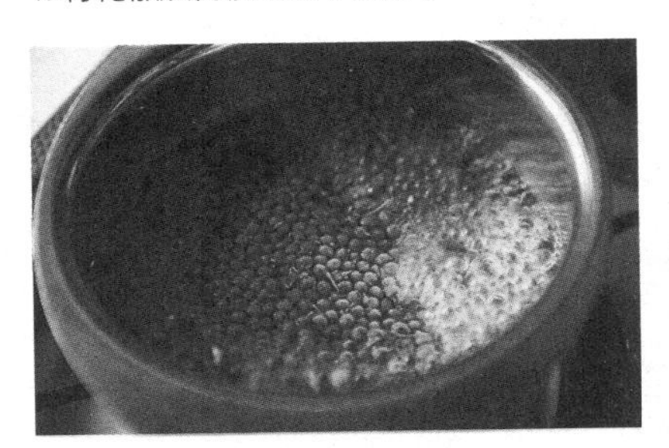

2. 使用煮沸的水焯 5 分钟左右。

3. 吸干焯水后花椒的水分，随后放入存储容器内，加上盐充分搅拌混合。两周后即可食用，常温可存放 1 年之久。

花椒拌小银鱼

【材料】（便于制作量）

小银鱼…100 g，花椒…2 大勺，调料 A（酒…50 mL，味醂…1/2 大勺，酱油…2 大勺）

1. 将花椒从树枝上取下后清洗干净，放入加了少许盐（非调料中的食盐）的热水内，焯 5 分钟，然后晾 1~2 小时，沥干水分（试着咬一下，如果还是比较辣的话，可适当延长浸泡时间）。

2. 锅内放入调料 A，以中火加热，煮沸后放入小银鱼，转小火煮 10 分钟左右。

3. 最后放入沥干水分的花椒，炖煮至汤汁收干即可。

7月

紫苏腌茄子 / 甜米酒（江米酒）

发酵食品巧食用，夏日炎炎享清凉

提到夏天的泡菜，当属紫苏腌茄子。一般制作紫苏腌茄子时，通常都使用梅子醋，为蔬菜增添酸味，实际上原本这道腌菜只需将茄子、红紫苏和糖混合，使其产生乳酸菌发酵反应，便可制成口感柔和的发酵食品。我家没有这道菜，夏天就无法开始。

另外，适合夏天食用的发酵食品就是甜米酒。它具有和点滴注射液近乎相同的营养价值，自江户时代起，古时候，日本人就把酒曲当作预防夏日体乏、消除疲劳的功能性保健饮料，在夏季大量饮用。我认为紫苏腌茄子和甜米酒，是帮助古时的日本人在没有空调、冰箱的时代中，挺过酷暑时节而衍生出的杰出的日本传统饮品。

只需将茄子、红紫苏叶与盐组合，腌制出的茄子即可呈现出艳丽的紫红色。

甜米酒可替代砂糖，作为甜味剂放入菜肴中调味。

紫苏腌茄子

【材料】（便于制作量）

茄子 700 g，红紫苏（叶）叶子 170~180 g 左右，盐占茄子总重量的 6%

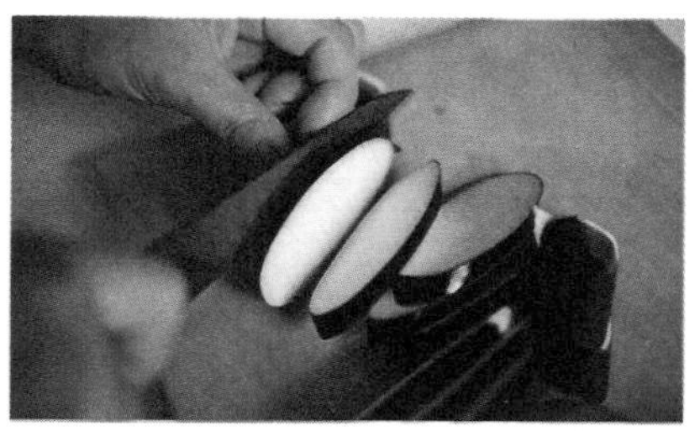

1. 茄子洗净沥干水分，切成宽 5 mm 左右的斜薄片。

2. 红紫苏叶清洗后沥干水分。

3. 按照盐→茄子→盐→紫苏的顺序，把食材交叠着放入容器内。

4. 在上面一层撒上盐，再压上与茄子同等重量的重物。常温存放两周后即可食用。也可根据个人喜好，待茄子发酸后移入冰箱内存放，可存放一年之久。

甜米酒

【材料】（成品约为 500 mL）

糯米 100 g，米曲（生）100 g，水 200 mL

* 干米曲，需使用 40 ℃左右的温水没过米曲，浸泡约 1 小时，将其发开后使用。

1. 在锅内放入与糯米等量的水，炊熟后，再加水。

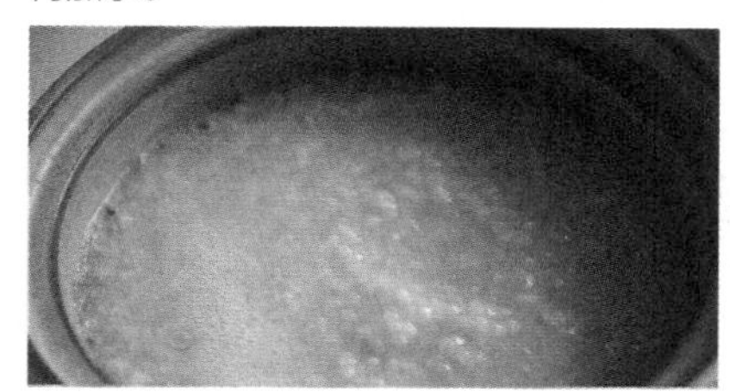

2. 转小火，煮至黏米呈柔软的粥状。

3. 待粥的温度降至 65 ℃左右时，放入米曲并快速搅拌，使其充分混合。

4. 将煮好的粥状物放入保温瓶（也可放入电饭锅），在 55~65 ℃的环境下存放 8~10 小时，使其充分发酵。最后放入冰箱，需在一周内饮用完。

8月

青辣椒味噌酱/
青辣椒三升腌

食用辣椒制成的干货，可缓解夏日疲劳

之所以命名为“三升腌”，是由于腌制的时候，青辣椒、酱油和米曲各用1 L，共计3 L，故而得名。不过一般家庭吃不了3 L，所以我们家都是以100 g为单位腌制。推荐将它当作烤肉、烤鱼酱料，或是浇在豆腐锅以及凉拌豆腐上食用。而青辣椒味噌酱，则能够广泛应用于各类炒菜，只加一点点便可提升菜肴口感，真乃烹饪之宝。如加一点点在麻婆豆腐的配料里，烹饪出的麻婆豆腐，味道绝对不逊于正宗川菜。

口感辛辣刺激的青辣椒，每年8月中旬我就开始翘首以待，将其揽入囊中后，我制作的菜肴是在饭团上抹上一点青辣椒味噌酱，然后烤制，味道也很不错。

“青辣椒味噌酱”和“青辣椒三升腌泡”

青辣椒味噌酱

【材料】（便于制作量）

青辣椒20根左右，芝麻油适量，调料A（酒3大勺，味醂3大勺，味噌酱1杯）

1. 青辣椒去籽切碎（青椒具有刺激性，建议处理时佩戴手套）。

2. 平底锅加热后放油，再放入步骤1的青辣椒翻炒均匀。

3. 在步骤2中加入调料A略加翻炒后关火。

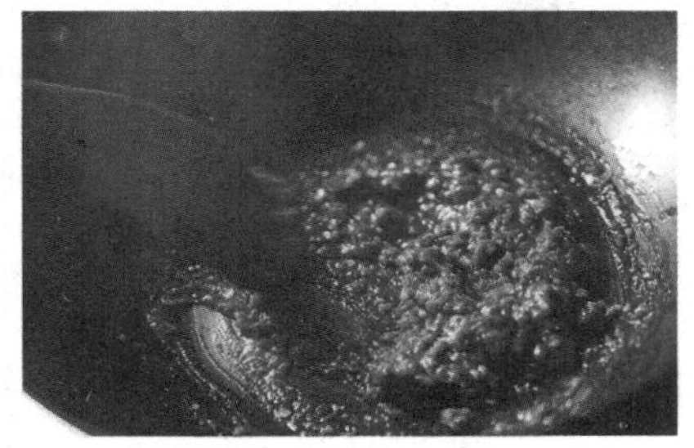

4. 然后加以搅拌。最后放入冰箱内保存。两周后即可食用。冷藏可存放半年以上。

青辣椒三升腌

【材料】（便于制作量）

青辣椒100 g，米曲100 g，酱油100 mL

1. 青辣椒清洗后切碎，与米曲一起放入存储容器内。

2. 洒上酱油。

3. 充分搅拌，使其混合。放置约一个月即可食用。常温环境下可存放一年以上。

9月

腌泡紫苏果 / 糖醋腌泡嫩姜

紫苏嫩果配鲜姜，一年香气锁瓶中

不知不觉间，紫苏已经在后院里遍地开花。说起来，量可真不少呢。紫苏叶除了能用作调料，还能拿来制作“紫苏意面酱”“酱油泡菜”等，在这个炎热的夏天，用途广泛。

入秋，待紫苏成熟结果，即可用盐腌制。如此，即可将这一整年的香气揽入瓶中。而我最喜欢用它们制作饭团。制成的饭团口感劲道，辣味柔和，勾人食欲。而嫩姜，则需等到9月方可上市。只需将其浸泡于甜醋内，作为烤鱼、什锦寿丝饭、炸牡蛎的调料食用，可大幅提升口感。

紫苏开花后，结出小颗粒状的果实。紫苏果过大，腌制后会变硬，所以我每次摘的时候都会留头部的1~2颗（取中间较小、较嫩部分）腌制。

糖醋腌泡嫩姜

【材料】（易于制作量）

嫩姜 150 g，调料 A（醋 100 mL，味醂 2.5 大勺，盐 1/2 小勺，海带 3 cm 长 4 小块）

1. 沿着嫩姜粉色根部，切掉嫩姜根茎，并沿着纤维纵向切薄片。

2. 把步骤 1 处理后的嫩姜放入热水中焯水 1 分钟左右，用笊篱捞出，沥干水分。

3. 锅内放入调料 A，开火煮沸后关火晾凉。

4. 将沥干水分的生姜放入存储容器内，注入步骤 3 的甜醋。盖上盖子加以冷冻存放。常温下放置一晚即可食用，冷藏可存放一年。

腌泡紫苏果

【材料】紫苏果 50 g，大粒盐 6 g（占紫苏果的 12%），重物与紫苏果重量相同

1. 将紫苏穗洗净，沥干水分，用指尖轻柔地捋掉紫苏果。

2. 在紫苏果上撒盐后充分揉搓入味。

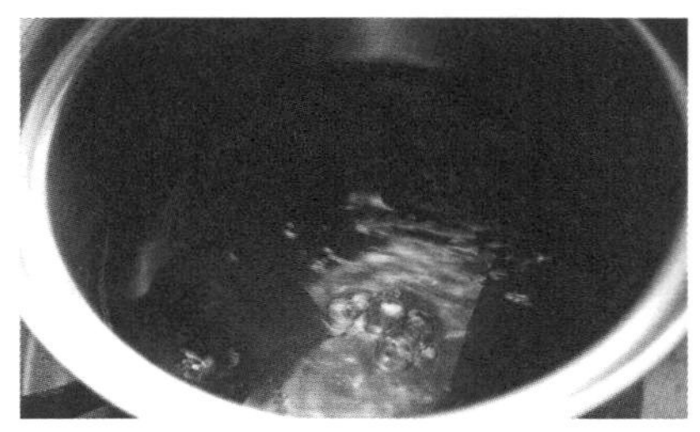

3. 紫苏果表面溢出白霜后，使用抹布使劲拧干，随后放入存储容器内存放。

4. 压上重物，放置 3 天。如有水分溢出，需倒掉水分，再在表面撒上一层盐，并覆盖保鲜膜，放入冰箱保存。2~3 天后即可食用，放在冰箱内可保存一年。

10月

红薯干 / 酱油腌蘑菇

红薯、蘑菇皆成熟，装点餐桌染秋色

红薯、蘑菇、栗子、花生。在这些口感温暖、浓郁的秋季食物中，我自儿时起吃得最多的零食，当属红薯干。制作红薯干，只需将红薯蒸熟、晾干，共两步，即可将红薯的甜味浓缩在一起。红薯干现在是我儿子的最爱，红薯刚晾晒没多久，他便迫不及待地开始伸出“小魔爪”，根本无法耐心地等到红薯彻底干透。

而蘑菇容易腐烂，所以买来后，或风干，或用酱油腌制保存。只腌制蘑菇味道就挺不错的，不过若将多种蔬菜与蘑菇一起腌制，则口感倍增，特别下饭。

红薯干直接食用口感绝佳，还可做意大利面菜码、乌冬面的菜料以及菜饭的菜料。

若风干过头，有可能会使红薯变硬，建议晾晒一周左右。放在密封袋内冷藏保存，可存放 3 个月。

红薯干

【材料】

红薯适量

1. 红薯带皮蒸。

2. 蒸煮至红薯芯软烂（竹签可穿过）后，切成 1 cm 厚的薄片。

3. 将切好的红薯平铺在笊篱上，放置于通风处自然晾晒一周左右。略微烘干后即可食用。

酱油腌蘑菇

【材料】（便于制作量）

生香菇、金针菇、丛生口蘑以及其他菌菇类（随意）200 g，调料 A（酱油 1/2 大勺，味醂 1/2 大勺，盐少许，醋 1 小勺），红辣椒（去籽）1 根

1. 将菌菇类植物放入笊篱中，晾晒 1~2 天。

2. 去除步骤 1 菌菇类的根部，香菇切薄片。

3. 锅内放入调料 A，再放入步骤 2 的食材以中火加热，煮沸后撇出浮沫，转中低火煮 5 分钟。

4. 待锅内菌菇晾凉后，加入辣椒，存放于容器中。放置于冰箱内可存放两周左右。

11月

柿子干 / 油腌牡蛎

柿子晒干屋檐挂，冬日我家美如画

每年邻居赠送的抑或从家乡寄来的 100 个涩柿子，我都会拿来制成柿子干。本来柿子应挂于房檐下，但由于松鼠时常造访，瞬间将柿子蚕食殆尽，无奈出此下策，将其挂于走廊。这种干柿子，除了是小朋友的最佳甜点，还能和萝卜一起做成糖醋拌双丝，或者和红豆一起做成柿干馅儿糕，所以说这 100 个柿子干，很快便被“消灭”了。

另外这个季节还有一道菜就是油腌牡蛎。把牡蛎烹饪得松松软软的窍门就是小火慢炖。

柿子干除了可以直接食用外，还可广泛用来烹饪各类菜肴。

油腌后的牡蛎，可放入鸡蛋汤、炒菜、什锦拌饭和意大利面中。腌泡用的油也可用于烹饪。

柿子干

【材料】

柿子适量，绳子 30 cm 长、每 2 根为 1 组

1. 柿子洗净留根去皮。

2. 将用棕榈叶制成的绳（也可用麻绳）系在根部。

3. 一根绳挂两个柿子，连线带柿子放入煮沸的水中，泡 10 秒左右消毒。

4. 然后挂在通风性强、不被雨淋的房檐下风干一个月左右。若担心发霉，可喷上少许烧酒消毒，风干 1~2 周时，略加揉搓，可有效去除涩味，并使口感更柔和。

油腌牡蛎

【材料】（易于制作量）

加热烹饪用牡蛎 180 g，大蒜 1 瓣，红辣椒 1 根，盐少许，月桂树皮 1 片，百里香 5~6 片，橄榄油适量

1. 大蒜捣碎，红辣椒去籽。

2. 牡蛎撒少许盐（用量外）入味。揉搓清洗，去除附着污垢。

3. 彻底沥干水分。

4. 将牡蛎、大蒜、红辣椒、盐以及中草药放入锅内，注入橄榄油（需没过食材）。以小火（油温 80~90 ℃ 最佳）烹炸 15~20 分钟。晾凉后，连油一起放入存储容器内。冷藏可存放 2 周左右。

12月

腌白菜 / 柚子醋

爽口的腌白菜和柚子醋陪你过冬

这是迷恋火锅的季节。因此我在这样的季节里集中制作的是柚子醋[1]。其实制作柚子醋，只需在柚子醋中放入海带和酱油，静置一段时间即可，我的自制柚子醋的特点是加入柚子核一起做。柚子核中的果浆融化后，化为口感黏稠的酱汁。冬天多做一点点，大概能用 3 年左右。

另外，冬天必不可少的就是腌白菜。制作诀窍就是，使用晒干的白菜，可使制作后的菜肴甜味倍增。夹上一片白菜，卷住热腾腾的米饭，一口咬下去的瞬间，真的太幸福了。

加入柚子核的柚子醋口感浓郁醇厚。果皮也可用来烹饪菜肴或者用于沐浴，物尽其用。

腌泡两周左右即可食用。可根据个人喜好，腌制至适度酸味后，冷藏保存。

注释：1. 柚子醋：指的是使用柠檬、柚子、柑、橘等水果的果汁混在醋中做成的和食调味料，根据口味不同也可加入酱油或出汁等其他调味品酱料，统称为柚子醋。

腌白菜

【材料】

白菜 1/2 棵，盐为白菜总重量的 2.5%，海带 2.5 cm 长 1 块，柚子皮 1/8 个左右，红辣椒…1/2 根，重物为白菜重量的两倍

1. 从中间将白菜一刀切开，用手撕成两半后，清洗。切口朝下晾晒，晾晒过程中翻面晒 3~12 小时。

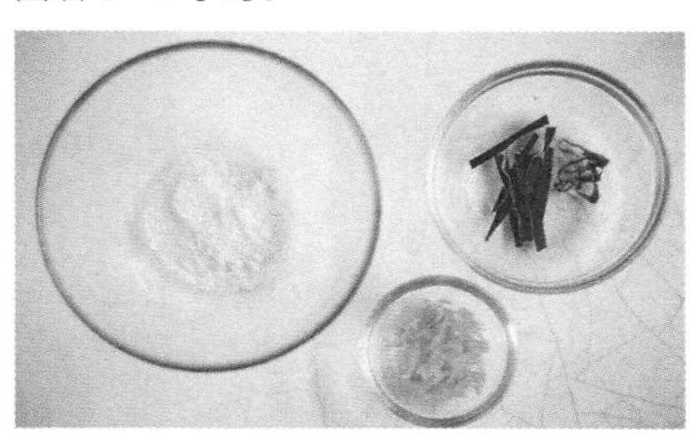

2. 海带切丝，柚子皮切碎，红辣椒去籽切圆片。

3. 将两块大白菜的根部与叶部错开放入塑料袋内，并只在根部撒盐。

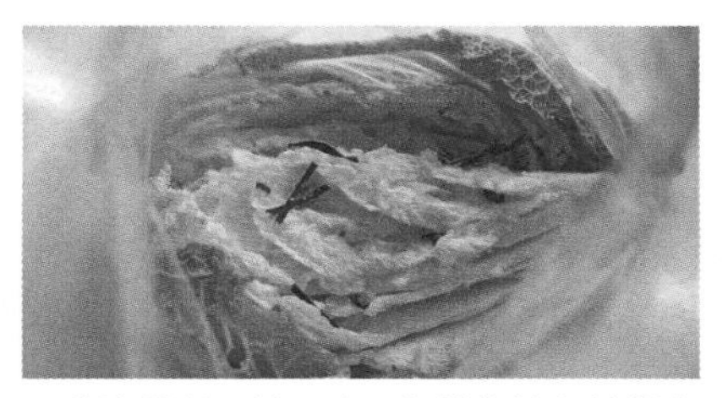

4. 将海带丝、柚子皮、红辣椒均匀地撒在白菜上。

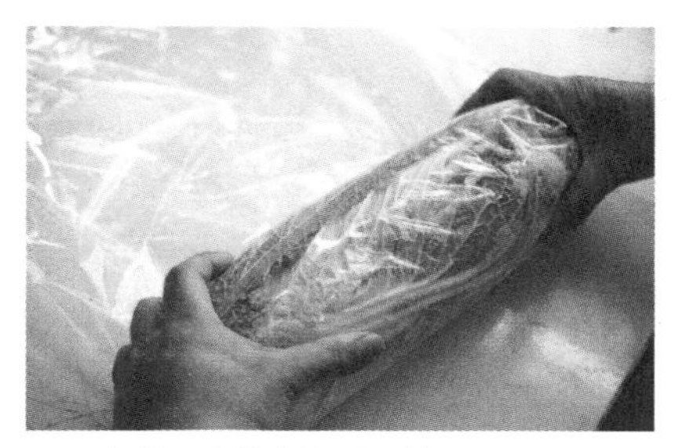

5. 压出袋子中的空气后，封口。

6. 将步骤 5 处理后的大白菜放入坛子或存储容器内，袋口朝上，压上重物，常温保存即可。

柚子醋

【材料】（便于制作量）

柚子 3 个，酱油为柚子汁的 1.5 倍，海带 5 cm 长 1 块

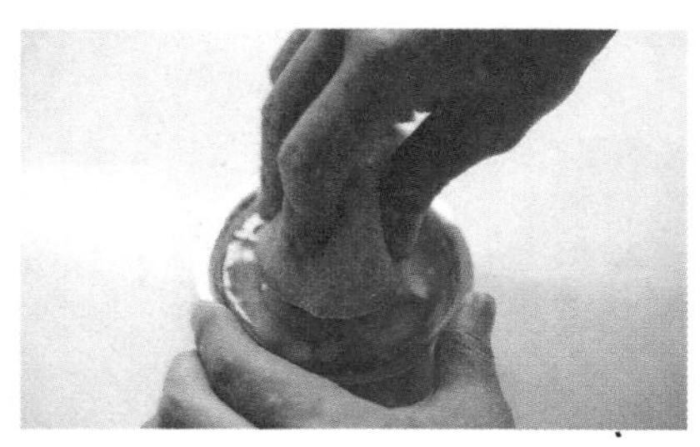

1. 柚子切一半榨汁，并取半个柚子的柚子核。

2. 将步骤 1 的果汁与柚子核一同放入容器内，再放入海带，注入酱油。盖上盖子，冷藏保存。

1月

泽庵萝卜 / 腌咸萝卜 / 腌萝卜干

严冬萝卜挂房檐，水分浓缩味甘甜

1月，我家房檐下便挂起了无数根大萝卜。今年用来腌制泽庵泡菜的练马萝卜[1]，是我们从横须贺的无农药农田里采摘带回来的。练马萝卜又粗又长，拔萝卜虽是个体力活，但却令我心驰神往。我把每一根都仔细清洗干净，系上麻绳，挂在房檐下晾晒两周，然后把水分浓缩后的萝卜取下做成米糠酱菜。只需静待一个月，乳酸发酵后的泽庵泡菜，酸甜适中，清爽弹牙。咀嚼酱菜的瞬间，感觉自己长久以来的辛苦终于有了回报。由于腌制方法大抵相同，虽批量腌制的泽庵菜味道更好，但也只可腌一根萝卜哦。

在关东以南的气候温暖地区，萝卜可连叶子一起晒。叶子能够吸收水分，从而使萝卜根部更快晒干。

我家腌制泽庵菜不使用砂糖，而是通过使用晾干后的果皮调出甜味。最重要的是我家晒的萝卜很甜，有这一点足矣。

译注：
1 练马萝卜：产自东京都练马区的萝卜，为练马区的名产。该区域土壤肥沃，最适合栽种萝卜。

泽庵萝卜

【材料】（易于制作量）

萝卜 2 根

【糠桶材料】

米糠为萝卜重量的 15%，盐为萝卜重量的 5%，红辣椒 1/2 根，干水果皮（柿子、苹果、橘子等）一小撮，海带 5 cm 长 1 片，重物为萝卜重量的 2~3 倍

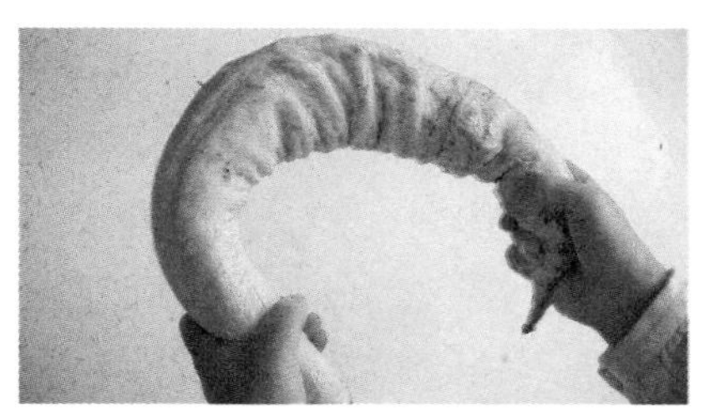

1. 萝卜晾晒两周左右，直至能弯成"U"形。晒干后，拔掉叶子。

2. 准备好放入米糠桶的材料（制作米糠酱菜）。

3. 将去籽切成圆片的红辣椒、干果皮和海带放入米糠中搅拌均匀。

4. 将步骤 3 的米糠倒入质地较厚的袋子里（总量的 1/3），然后按照头尾交错的方式，放入萝卜，最后再放入剩余的米糠。

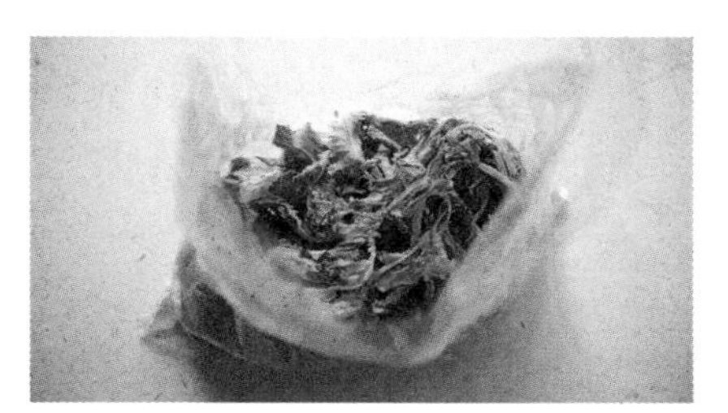

5. 把萝卜叶盖在米糠上。

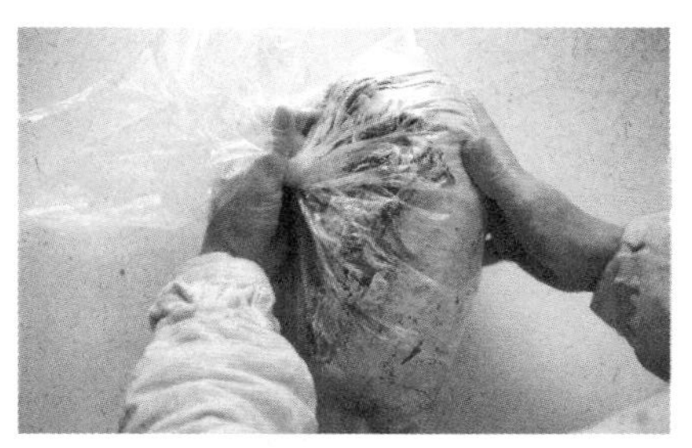

6. 把袋子中的空气挤压出去，然后封口。

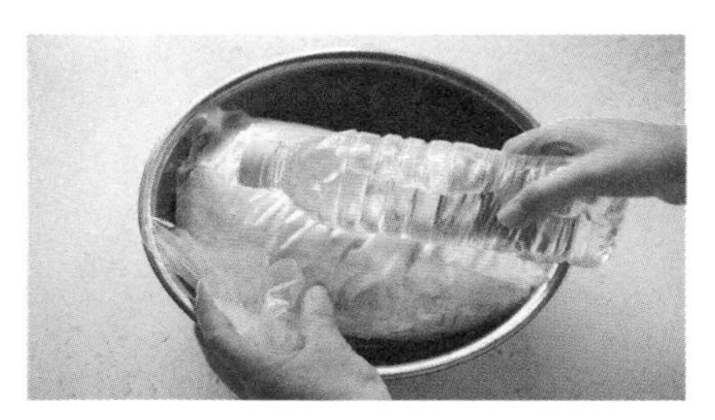

7. 将步骤 6 食材放入存储容器内，袋口向上（确保液体不洒出），压上重物，常温保存。

8. 放置 10 天左右，萝卜溢出水分，待水分渗透至所有米糠后，将重物减半。再放置一个月左右即可食用。

冰封万物寒冬来，萝卜爽口味更佳

时令萝卜味美价廉。一次性购买好几根大萝卜后，我便会把它们做成腌萝卜和腌萝卜干存放。我制作腌萝卜，是将用盐腌后的萝卜浸泡在糙米酿造的甜酒中腌制而成的。由于不使用砂糖，腌出的萝卜口感甘甜，好评如潮。

而只是略放一些醋的萝卜，风干后口感也毫不逊色。而在烹饪特别菜肴时去掉的萝卜皮，只需加醋、酱油、味醂和红辣椒腌制，即可制成“脆腌萝卜”。

腌咸萝卜无需冲掉腌泡汁即可食用。而将鲜香浓缩后的腌萝卜干，更是被儿子当作零食来吃。

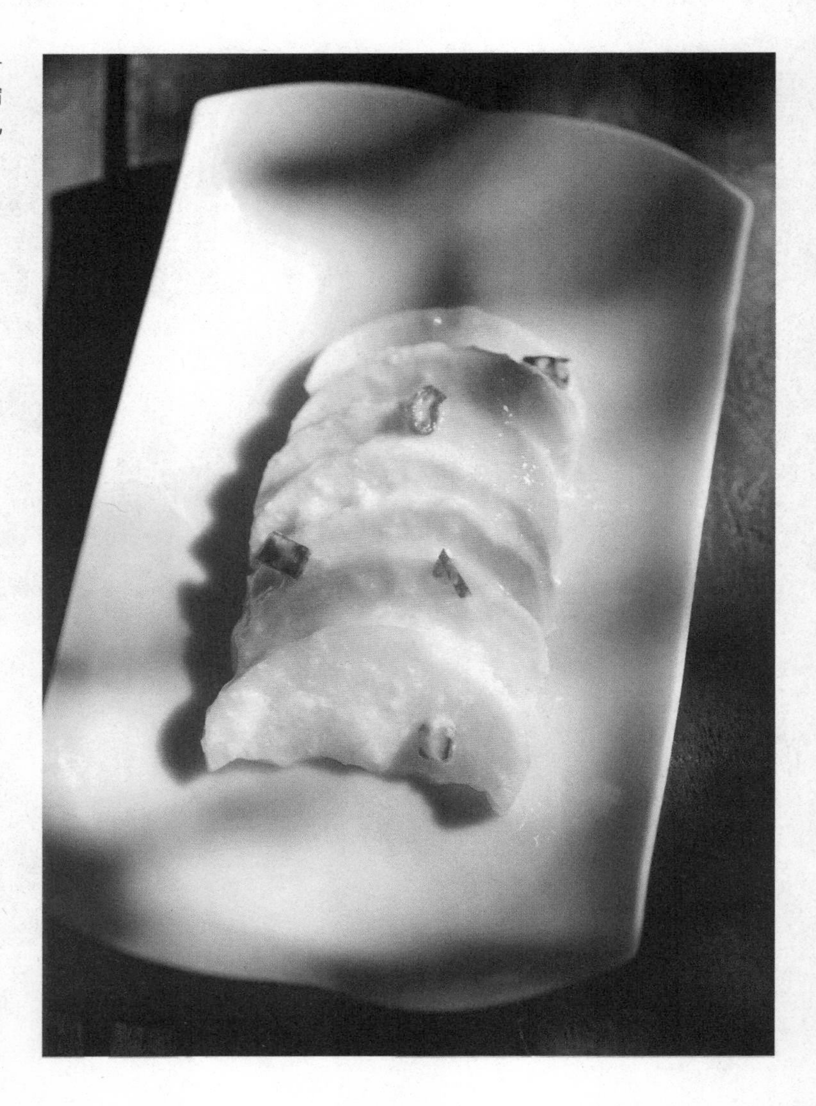

腌咸萝卜

【材料】（易于制作量）

萝卜 1/2 根，盐为萝卜重量的 4%，甜酒没过萝卜即可，红辣椒 1 根，海带 5cm 长 1 片，盐少许，重物与萝卜同等重量

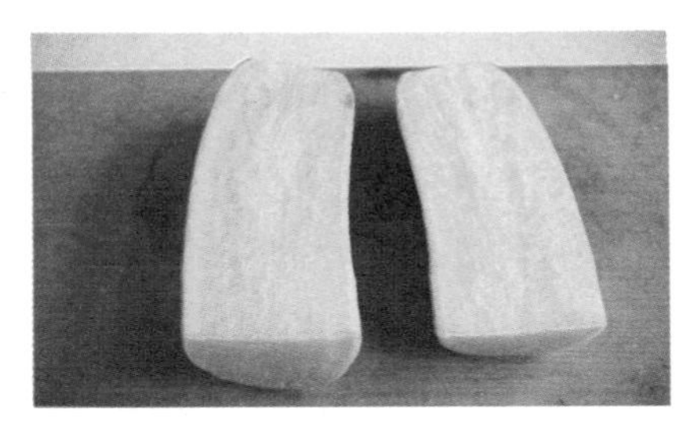

1. 萝卜洗净沥干水分，去皮后竖着切成两半。

2. 将萝卜放入塑料袋内，均匀地撒上盐入味。

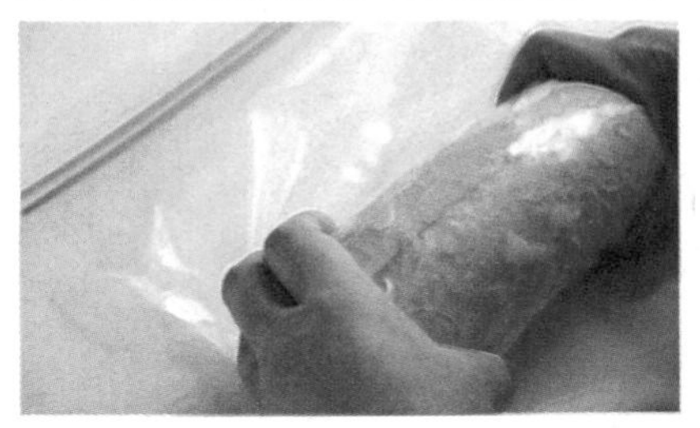

3. 挤压去除袋子中的空气，压上与萝卜同等重量的重物，腌 2~3 天。

4. 擦干萝卜上的水分，摆入存储容器或塑料袋内，注入甜酒。

5. 待甜酒没过萝卜，放入去籽后切成片状的红辣椒，以及切成细丝的海带和盐。

6. 将其均匀搅拌后盖上保鲜膜，压上相当于萝卜一半重量的重物。常温环境下放置一周即可食用。置于冰箱内可保存一个月。

腌萝卜干

【材料】

萝卜…适量

1. 萝卜带皮切成 5 mm 左右细丝，或者切成圆片。

2. 将切好的萝卜摆在笊篱上，放置在清凉通风场所晾晒 1~2 周。待晒干后放入瓶子等容器内常温保存。

2月

味噌

味噌需在严寒制，一年方为成熟时

每年二月制作味噌酱，这一习惯我已经坚持了十多年。一旦爱上了自制味噌酱的味道，不论多忙，也无法偷懒怠工。另外我每次都会做至少 10 kg 的味噌酱，可以说是需要全家齐上阵的大工程。我儿子 1 岁时就开始拿着蒜臼磨来磨去。如今他 4 岁了，能用脚踩的方式帮我们快速捻碎豆子。

制作味噌酱的要领就是在冬季制作，从冬季储备。这是因为味噌经历严寒与酷暑后味道才会更鲜美，夏天过暑伏搅拌一下，直接盖上盖子等待一年。待打开盖子之时，罐中散发出的香气与光泽令我们一家人食指大动。

我会制作米味噌酱、糙米味噌酱、白味噌酱、全麦味噌酱。由于大豆直接蒸煮（不焯水），可令制成的味噌酱口感倍增。

味噌

【材料】（成品 1 kg）

大豆 250 g，米曲 380 g，盐 110 g，重物为成品重量的 2 成左右

1. 大豆洗后泡发一夜。

2. 准备好米曲（此次使用的是糙米曲 250 g、麦米曲 130 g，实际操作时只选 1 种亦可）。

3. 蒸大豆。蒸至用食指和大拇指轻轻挤压便能碾碎即可。

4. 同时，在米曲内撒盐制成盐曲。

5. 将米曲和盐充分搅拌。

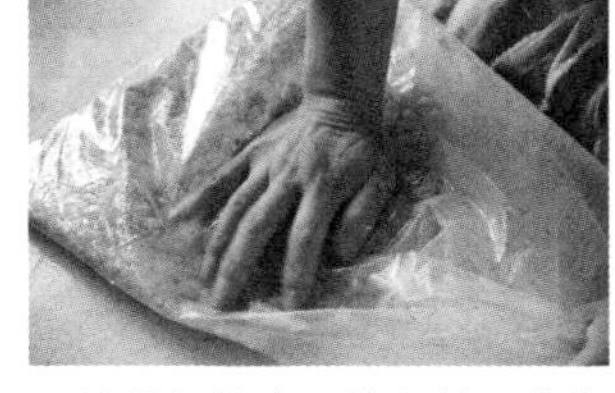

6. 将蒸好的大豆放入较厚的塑料袋内碾碎。

7. 碾碎至质地均匀即可。

8. 在步骤 7 食材中撒上米曲后均匀混合。

9. 食材变硬时，可酌情放入浸泡大豆的水（煮沸后降至与肌肤温度相近的温度）调整硬度。

10. 挤压空气，将味噌团成丸子状。

11. 将团好的味噌团子放入存储容器内。

12. 团好一层团子后，使劲挤压以促使空气排出。

13. 重复几次直至将空气彻底挤出后，加盖保鲜膜。

14. 压上重物，放置于阴暗处存放约 1 年（在保鲜膜的边缘放些酒糟，可避免霉菌滋生）。

* 只使用 1 种米曲即可。如需将糙米和麦子的米曲混合，推荐采用 2:1 的比例。
* 夏季暑伏过后，将味噌酱从下往上翻一下，可使味噌酱发酵得更为彻底。
* 如放置过程中发霉，只需将发霉部位用勺子等切掉即可。

3月

味噌拌山蕗 / 腌油菜花

漫山遍野香四溢，又感一年春来时

春天到来，最先崭露头角的便是山蕗。山蕗被称为“报春菜”，据说刚结束冬眠期的熊，吃的第一口菜便是它。此外，它具有解毒作用，或许能起到清除冬眠阶段堆积于体内的老化废物的作用。而我们人类的身体亦是如此，一到春天，便不由地想吃些山蕗花茎、油菜花、竹笋等味苦且具有解毒功效的蔬菜。山蕗也可以用来制作天妇罗，不过若想锁住其清香，最适合的方法还是把它做成味噌酱。另外由于山蕗特别容易去涩，切碎后立刻淋上油，放入味噌后不加热，是我个人的制作方法，也是能有效抑苦增香的独门绝招。

味噌拌山蕗可作为饭团的菜料，还可搭配煎豆腐和炸豆腐、魔芋食用，享受其与味噌结合的独特口感。

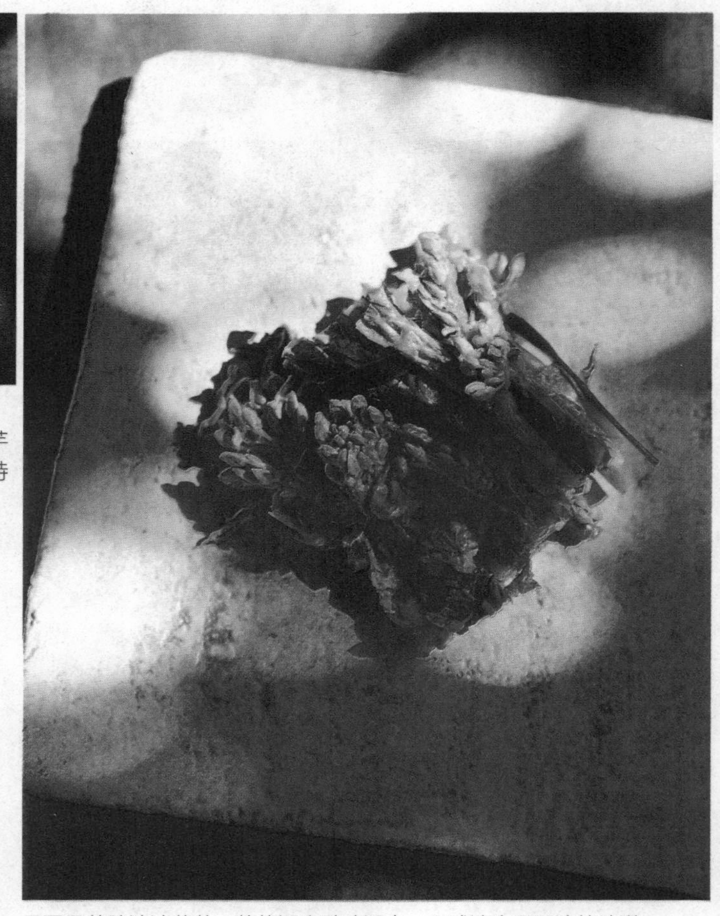

只需用盐腌渍油菜花，就能调出酸味适中、口感清爽且深邃的味道。

味噌拌山蕗

【菜料】（易于制作量）

味醂 1~2 大勺，味噌酱 2 大勺

1. 山蕗花茎清洗后彻底沥干水分。只切掉叶子变色部分。

2. 然后快速将其切成碎末（如速度过慢，容易溢出白沫）。

3. 切碎后放入平底锅内，为控制白沫继续溢出，淋油快炒。

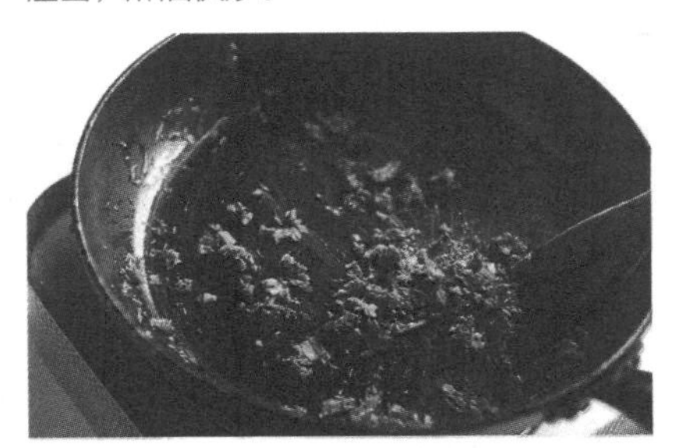

4. 中火炒 1~2 分钟后，洒上味醂，待酒精挥发后，放入酱油炒至收汁，关火即可。

腌油菜花

【材料】（易于制作量）

油菜花 1/2 把（100 g），海带 5cm 长 1 块，红辣椒 1 根，盐 1 小勺

1. 菜花洗净沥干水分。海带切细丝。红辣椒去籽切成环形。

2. 将菜花放入保鲜袋内，加入盐、海带、红辣椒搅拌入味。

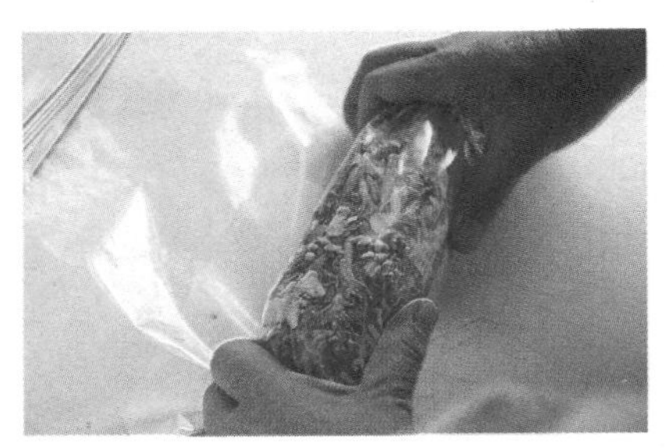

3. 抽干袋子中的空气后封口，压上与其重量相同的重物。放置一周后即可食用。

在叶山，为了保护数量稀少的梯田，我们和当地居民一起，完成耕种、插秧、除草、收割、脱粒等所有工作。

后记

搬来叶山，已有 7 年之久。此前我一直在东京生活，每天上班奔波劳碌。在那样的生活环境中，唯一能感受到季节变换的就是吃应季蔬果制作的时令菜肴。

为山蕗去筋时，感受到春天的气息；切紫苏时，感受到夏日的温暖；煮芋头时，感受到秋意正浓；晒萝卜时，体味到冬之寒意。在我看来，这些时令食材是身体由冬转春、由春转夏结合自然更迭调整人体健康的宝物。

在背山面海、绿树环绕的叶山生活后，我的生活则更加亲近自然、回归自然。

2011年东日本大地震之后，我则直接告别了之前只收获不付出的生活方式，深切感到应尽量节省能源，降低环境负担，采取一种可持续的生活方式生活下去。

在田间地头种植作物，借助植物之特性调节体质。不再使用清洁剂，不依赖电子设备，选择可长期使用的工具和容器。不随意扔掉任何物品，并尽量延长物品的使用寿命。想必这就是古来传统的生活方式吧。同时我们必须传承下去的无疑是先人的睿智。虽然不可能完全照搬先人的生活方式，但或多或少可感同身受，如果有更多的人阅读本书并且逐渐开始享受这种质朴的生活方式，我会非常欣慰。

最后，衷心感谢在本书的创作过程中给予我巨大帮助的友人们，并且由衷感谢和我一起享受古老生活的YASU、大和娜娜。

山田奈美

图书在版编目（CIP）数据

家的日常　恋上慢生活 /（日）山田奈美著；陈建，谢燕译．— 南京：江苏凤凰文艺出版社，2019.1

ISBN 978-7-5594-2673-4

Ⅰ．①家… Ⅱ．①山… ②陈… ③谢… Ⅲ．①家庭生活－基本知识 Ⅳ．① TS976.3

中国版本图书馆 CIP 数据核字 (2018) 第 178311 号

书　　名　家的日常　恋上慢生活

著　　者　[日] 山田奈美
译　　者　陈　建　谢　燕
责任编辑　孙金荣
特约编辑　陈　景
项目策划　凤凰空间/陈　景
出版发行　江苏凤凰文艺出版社
出版社地址　南京市中央路165号，邮编：210009
出版社网址　http://www.jswenyi.com
印　　刷　天津久佳雅创印刷有限公司
开　　本　710毫米×1000毫米　1/32
印　　张　8
字　　数　105千字
版　　次　2019年1月第1版　2024年1月第2次印刷
标准书号　ISBN 978-7-5594-2673-4
定　　价　49.80元